インプレス R&D ［NextPublishing］   New Thinking and New Ways
E-Book / Print Book

ドルビーの魔法

カセットテープからDOLBY ATMOSまでの歩みをたどる

ドルビージャパン（株） 著

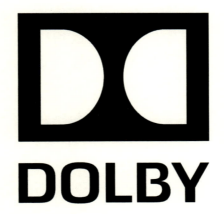

ドルビーの技術をわかりやすく解説

JN196751

執筆にあたり

　みなさんはドルビーという名前を聞いたことがあるだろうか？
　もしくは、ドルビーという名前は聞いたことがなくても、図のようなマークを目にしたことはあるかもしれない。実はこのマーク、通称「ダブルDマーク」と呼ばれるもので、ドルビーの商標なのだ。

　ドルビーという名前は、先ずカセットテープが全盛を誇った1980年代前半までに、広く知られるようになった。若い世代でも、「カセットテープは見たこともないけど、ドルビーという名前は知っている」「ダブルDマークは見たことがある」という方々もいることだろう。それは、映画館や家電量販店で目にしている可能性が高い。先のダブルDマークが、映画のエンドクレジットやBlu-rayのパッケージに印刷されているケースがほとんどであるからだ。Blu-rayを再生するプレーヤーにもダブルDマークが付いている。もし「ダブルDマークは見たこともない」という方がいらしたら、もう1度Blu-rayのパッケージやプレーヤーの表面をぜひよく見てほしい。どこかにダブルDマークが付いているはずだ。

　では、そもそもドルビーとは何なのか？

実は、ドルビーとはアメリカに本社を置く会社の名前で、正式社名を「ドルビーラボラトリーズ」（Dolby Laboratories Inc）という。
　社名のドルビーは、創業者の名前、レイ・ドルビー（Ray Milton Dolby）から取っている。

●ドルビーラボラトリーズの創業者、レイ・ドルビー。

　ラボラトリーズとは日本語で実験室・研究所のこと。では何の実験・研究をしている会社なのか？　今では映像技術「DOLBY VISION™」（ドルビービジョン）も開発しているが、ドルビーラボラトリーズは音に関する研究を50年以上に渡って続けている、いわば音の専門家集団として起業したのである。
　そのドルビーは、今やエンターテインメント全般に関わるテクノロジーカンパニーになっている。本書では、ドルビーが世に送り出してきたそれらの「音の技術」を、音の専門家やエンジニアでなくてもお分かり頂けるような形で説明していきたい。これによって、ドルビーの技術に対する理解を深めて頂ければ幸いである。

執筆にあたり | 3

2019年春　DOLBY JAPAN株式会社（技術部）
（本文初稿は白柳亨がDOLBY JAPAN在籍中に起こし、
高見沢雄一郎・鈴木敏之が加筆した）

目次

執筆にあたり …………………………………………………………………… 2

1. カセットテープ 〜DOLBY B NR ………………………………………… 7

2. 映画音響を家庭へ 〜DOLBY SURROUND, DOLBY PRO LOGIC ‥ 15

3. 時代はデジタルへ 〜DOLBY DIGITAL（AC-3） ………………………… 27

4. DOLBY PRO LOGICの進化 〜DOLBY PRO LOGIC II …………… 33

5. ステレオスピーカーでサラウンド 〜VIRTUAL DOLBY DIGITAL 42

6. ヘッドホンでもサラウンド 〜DOLBY HEADPHONE ……………… 46

7. 5.1chを超えるサラウンドへ 〜SURROUND EX ………………………… 51

8. DOLBY PRO LOGIC IIの進化 〜DOLBY PRO LOGIC IIx, IIz ‥… 55

9. 一般家庭でもDOLBY DIGITALでメディアに記録 ………………… 59

10. リアルタイムに変換出力 〜DOLBY DIGITAL LIVE …………… 62

11. DOLBY DIGITALの進化 〜DOLBY DIGITAL PLUS …………… 64

12. ロスレス音声圧縮 〜DOLBY TrueHD ………………………………… 70

13. テレビ向けトータルソリューション ～DOLBY MULTISTREAM
DECODER ……………………………………………………… 75

14. 音量差の解消 ～DOLBY VOLUME ……………………………… 77

15. 音響革命オブジェクトオーディオ ～DOLBY ATMOS ………… 80

16. DOLBY SURROUND 再登場 ……………………………………… 91

17. 天井スピーカーを付けられなくても ～DOLBY ENABLED
SPEAKER ……………………………………………………………… 94

18. DOLBY ATMOS をヘッドホンやステレオスピーカーで………… 99

19. DOLBY ATMOS の広がり ………………………………………… 101

20. ロッシー音声圧縮の更なる進化 ～DOLBY®AC-4 ……………… 104

21. 電話会議の音質改善 ～DOLBY VOICE® …………………………… 107

22. 今後のドルビー音声技術 …………………………………………… 111

出版に際して ………………………………………………… 113

1. カセットテープ 〜DOLBY B NR

　1970年代から1980年代にかけて、音を記録するものと言えばカセットテープだった。カセットテープを再生する機器（例えばラジオと一体型になったラジカセ）は、おそらくどこの家庭にも1台はあったのではないかと思われる。何も記録されていない新品の「生テープ」を買ってきてラジオ番組を録音（エアチェック）したり、レコードをカセットテープに録音してウォークマンで楽しんだり、はたまた、自身のお稽古事や楽器演奏を録音したりと、カセットテープは生活のさまざまな場面で活躍していた。その頃の音楽作品は、レコードだけでなくカセットテープでも発売されていたものである。

　このカセットテープを録音・再生する機器のほとんどに、実はドルビーの技術が使われていた。それは「ノイズリダクション」と呼ばれる技術だ。「ノイズ」（noise）という言葉は、ほぼ日本語になっていると言っても過言ではないと思うが、あえて日本語で言うなら「騒音」「不要な音」「なくなってほしい音」のこと。「リダクション」（reduction）は「削除」「削減」である。つまり「ノイズリダクション」とは「不要な音を削減する」ことを意味する。

　では、カセットテープに起因するノイズとは何だろうか？　それは「ヒ

スノイズ」と呼ばれるカセットテープ特有のノイズである。「ヒス」(hiss)とは、「シー」という音のこと。周りの人に静かにしてほしいとき、人差し指を立てて口に当て、前歯の間から息を出すことで「シー」という音を出す。このときの「シー」という音がhissという英語が意味する音に近い。このヒスノイズだが、カセットテープという製品の特性上、どうしても消すことができない。例えば、生テープを買ってきて、それをすぐに再生したとする。生テープには何も記録されていないので音が出るはずはないのだが、ボリュームを少しずつ上げていくと「シー」というノイズが聞こえてくる。再生を止めるとこのノイズは消える。つまり、何も記録されていないテープを再生しても「シー」というノイズは出てしまうのである。このヒスノイズ、大きな音がテープに記録されているときは気にならないのだが、小さな音が記録されているところでは、どうしても耳につく。静かな音楽が流れている後ろで、ずっと「シー」というノイズが聞こえてくる状況を思い浮かべてもらえればおわかり頂けるかと思う。

　このヒスノイズを軽減する手段はないかと考えたのが、ドルビーラボラトリーズの創業者、レイ・ドルビーである。

　以下、どのような方法でヒスノイズの軽減を実現したのかを図を交えながら説明してみたい。

　カセットテープをコップに例えてみよう。コップの底近くのガラス側面にヒスノイズという汚れがすでに付着しており、これはどうやっても取り除くことができないと考えてみてほしい。ここに音楽（次の図の斜線部分）という水を入れてみる。すると、音楽の大部分はヒスノイズに埋もれてしまい、なんとも耳障りな音となってしまうのである。

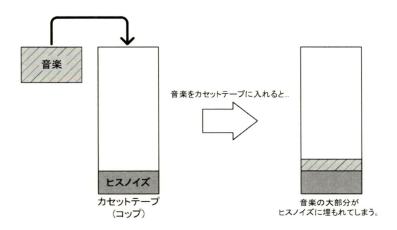

　これを解決する一番簡単な方法は、記録する音楽の音量を大きくしてからカセットテープに記録する方法である。こうすると、ヒスノイズの大きさよりも音楽の音の大きさのほうがはるかに大きくなり、相対的にヒスノイズが耳につかなくなる。一例として、音楽の音の大きさを2倍にした場合を図示してみる。

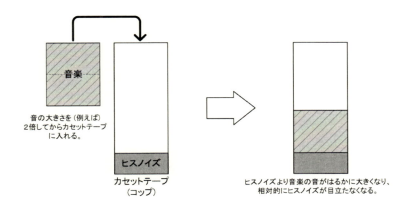

　しかし、この方法には決定的な問題がある。コップに入れることがで

1. カセットテープ ～DOLBY B NR ｜ 9

きる水の量には限りがあるのと同様、カセットテープに入れることができる音の量には限りがあるのだ。そのため、記録する音を一律に（例えば）2倍としてしまうと、元々の音が大きい場合には、音がすべて記録できない（コップから水があふれてしまう）という事態が生じてしまう。

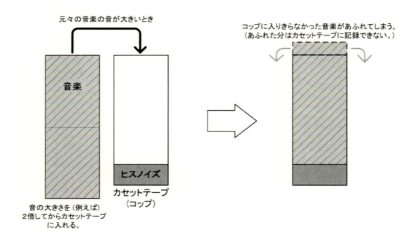

では、音があふれることなく、かつ、ヒスノイズを目立たなくするにはどうすればよいか？　その解決策として考え出されたのが、「カセットテープに入れる元々の音の大きさに応じて、音を大きくする量を変えて記録してしまおう」という手法である。要約すると、次のようになる。
　・元々の音が大きいとき　→何もしないでそのままカセットテープに記録
　・元々の音が小さいとき　→音を大きくしてカセットテープに記録
　元々の音が大きいときは、何もしなくてもヒスノイズが目立たないから問題ない。
　元々の音が小さいときだけ音を大きくして記録すれば、結果的に音が大きいときでも小さいときでもヒスノイズは目立たなくなり、かつ、音があふれることもない。

しかし、このようにして記録した音をそのまま聞くと、（元々大きな音は問題ないが）小さかった音が元々の音量より大きく聞こえてしまうことになり、大きな音と小さな音との差が小さくなってしまう。言い換えると、音の強弱が少なくなってしまう。これではアーティストの意図した音を聞いているとは言い難い。そこで、音を再生するときは、音を記録するときと逆のプロセスを経ることで、元々の音量に合わせることにした。

　要約すると、次のようになる。
- 元々の音が大きいとき
    - →何もしないでそのままカセットテープに記録
    - →再生するときも、何もしない。
- 元々の音が小さいとき
    - →音を大きくしてカセットテープに記録
    - →再生するとき、音を小さくして出力することで、元々の音と音量を合わせる。

　こうすることで、再生時のヒスノイズが常に目立たなくなるのと同時に、記録時と再生時の音量も同じにすることができるというわけである。一例として、記録時に音を2倍、再生時に音を2分の1にすることで、音量を保ちながらもヒスノイズを削減する際の様子を図示する。

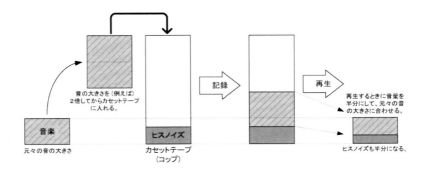

カセットテープのヒスノイズを、聴感上、削減することに成功したレイ・ドルビーは、この手法を「DOLBY B NR」（ドルビーBタイプノイズリダクション）と名付けた。なぜBなのかというと、実はBの前にAタイプのノイズリダクションシステムがあったからだ。ただ、Aタイプは業務用機器業界の中だけで使われており一般の方々にはほとんど知られていなかった技術なので、ここでの説明は割愛する。

　このDOLBY B NRという機能は、カセットテープを録音・再生する機器には必ずと言っていいほど入っている。

　また、DOLBY B NRに対応した機器には必ずDOLBY B NRをON/OFFできるスイッチが付いている。使い方は至って簡単。DOLBY B NRで記録したい場合はスイッチをONにするだけ。DOLBY B NRで記録されたカセットテープを再生する場合もスイッチをONにする。

　では、DOLBY B NRで記録されていないカセットテープをONで聴いたらどうなるのか？　この場合、高音成分が少なくなり、メリハリのないこもった音として再生されてしまう。

　逆にDOLBY B NRで記録されたカセットテープをOFFで聴いたらどうなるのか？　この場合は、高音成分が強調されたシャリシャリとした音として再生されてしまう。

　DOLBY B NRのON/OFFでなぜ高音成分にのみ変化がみられるかというと、実は先の「音を大きくして記録」「再生するときに音量を元に戻す」というプロセスは、高音成分に集中して行っているからだ。これはヒスノイズがほとんど高音成分からできていることに由来する。

　人間の耳の特性の1つに「マスキング」（masking）というものがあるのはご存知だろうか？　先の説明で「ヒスノイズより音楽の音がはるかに大きくなり、相対的にヒスノイズが目立たなくなる」と記したが、実はこれもマスキングの一種である。要約すると「大きな音のせいで、小さな音が聞こえなくなる・聞こえにくくなる現象」をマスキングという。

　このマスキングだが、音の周波数成分が近いときに起こりやすい。つ

まり、ほとんどが高音成分からできているヒスノイズを消したい場合は、記録する音楽の低音成分を大きくして記録するよりも、高音成分を大きくして記録したほうが消えやすい。そこで、DOLBY B NRでは、低音から高音までのすべての音を大きくして記録するのではなく、高音成分のみを大きくして記録している。なぜ低音から高音まですべて大きくしないのかというと、先述の通り、カセットテープに記録できる音の量には限りがあるからだ。大きくする音の成分をできるだけ少なくし、高音成分のみを大きくしたほうが、カセットテープから音があふれてしまう可能性が低くなる。

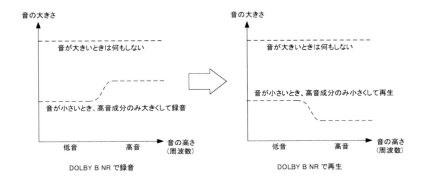

　その後、DOLBY B NRには改良が施され、「DOLBY C NR」（ドルビーCタイプノイズリダクション）に発展した。DOLBY B NRに対し、DOLBY C NRではヒスノイズの削減効果が高くなっている。使い方はDOLBY B NRと同じで、DOLBY C NRにもON/OFFスイッチが必ず付いている。ただ、DOLBY B NRとDOLBY C NRの間には互換性がないので、「DOLBY B NRで記録したカセットテープはDOLBY B NRで再生」「DOLBY C NRで記録したカセットテープはDOLBY C NRで再生」する必要がある。DOLBY B NRがほぼすべての機器に採用されていた

のに対し、DOLBY C NRはどちらかというと高級機種向け。DOLBY C NRに対応した機種は、基本的にはDOLBY B NRにも対応していた。そのため、当時友人などとカセットテープのやり取りをする際には基本的にDOLBY B NRを使い、個人的に聴くものや、相手がDOLBY C NR対応機を持っている場合のみDOLBY C NRを使用していたものである。

　DOLBY C NRの後、「DOLBY S NR」なるものも登場したが、この頃からデジタルで記録するメディアが登場したこともあり、B・Cと比べると普及はしなかった。DOLBY S NRまでご存知の方は、かなりのオーディオマニアと言えるだろう。

2. 映画音響を家庭へ 〜DOLBY SUR-ROUND, DOLBY PRO LOGIC

　ドルビーを語る上でカセットテープとともに重要なキーワードがある。それは映画だ。ドルビーの音の技術は映画音響とともに発展してきたと言っても過言ではない。カセットテープが世の中に出てきた当時、家庭用ビデオデッキは夢のまた夢で、一般の方々が映画音響でドルビーの存在を知ることはまずなかったかと思うが、ドルビーと映画の関わりは1970年代から今日までずっと続いている。

　映画音響で「サラウンド（Surround）」という言葉をお聞きになったことはあるだろうか？　ここでいう「サラウンド」とは、前からだけでなく、後ろからも音が聞こえてくる状態を示している。「音が自分の周りを包み込む（surround）ように鳴る状態」とも言える。このサラウンド方式だが、映画業界では1970年代から採用されていた。当時の映画用サラウンド音響は、レフト（Left, L）とライト（Right, R）の2つで構成される通常のステレオに加え、主にセリフ用に使われるセンター（Center, C）、環境音用に使われるサラウンド（Surround, S）の計4チャンネルで構成されていた。L/R用のスピーカーは映画スクリーンのそれぞれ左端・右端、C用スピーカーはスクリーンの中央、S用スピーカーは映画館の後方に設置されるイメージである。

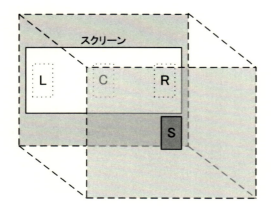

　この4チャンネルの映画音響を家庭でも楽しめるようにするためには、どのようにすればよいか？　1970年代後半から1980年代にかけて、映像も記録できる民生用のメディアで普及していたものと言えば、レーザーディスクとビデオテープくらいしか思いつかないが、どちらも音声はステレオでしか記録できない。このステレオ音声の中に映画の4チャンネル音声を記録する手段として編み出されたのが「DOLBY SURROUND」（ドルビーサラウンド）である。

　では、本来2チャンネル音声しか録音できないメディアへ、どのようにして4チャンネル音声を記録したのか？　DOLBY SURROUNDの原理を解説しよう。

　4チャンネル映画音響のうち、L/Rの音をステレオで記録するのは至って簡単だ。Lの音をステレオのLチャンネル、Rの音をステレオのRチャンネルに記録すればよい。

　4チャンネル映画音響のCの音は、ステレオのL/Rチャンネルに等量で分割し記録すればよい。L/Rスピーカーから全く同じ音が出ると、あたかもL/Rスピーカーの真ん中付近から音が出ているように感じる。例えばテレビの正面に座ってニュース番組を見てほしい。すると、テレビ

のスピーカーが画面の左右に付いているにも関わらず、アナウンサーの声はテレビの真ん中から聞こえてくるように感じるはずだ。これはアナウンサーの声が、ステレオのL/Rチャンネルに全く同じ音量で記録されているのが一般的だからである。ちなみに、このような形で実際にはスピーカーが存在しないセンターから聞こえてくる様子を「ファントム（phantom）センター」と呼ぶ。Phantomとは「幽霊」「幻」を意味する。

では、4チャンネル映画音響のSの音をどのようにステレオのL/Rチャンネルに記録すべきか？　そこで考え出されたのが、「Sの音を逆相にしてL/Rにそれぞれ記録する」という方法である。ここで「そもそも逆相って何？」と疑問を感じる方もいらっしゃるかと思うので、まずは音の逆相とは何なのかを説明したい。

スピーカーは、その表面に張ってあるコーン紙と呼ばれる部分を前後に振動させることで空気そのものを振動させる。この空気の振動が耳の中の鼓膜を振動させ、人間が音として知覚するというのは、よく知られた話かと思う。

スピーカーは電気信号で振動させられるが、イメージとしては、

　・プラスの電流が流れたとき、コーン紙が前に動く
　・マイナスの電流が流れたとき、コーン紙が後ろに動く

と理解してもらえればよい。

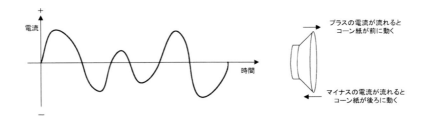

ここで、2つのスピーカーを用意し、それぞれのスピーカーに全く同

2. 映画音響を家庭へ ～DOLBY SURROUND, DOLBY PRO LOGIC

じ電流を与えたとする。すると、コーン紙は全く同じように前後に振動する。では、一方のスピーカーに、同じ信号ではあるが、プラス・マイナスを逆にした電流を与えるとどうなるか？　このとき、2つのスピーカーのコーン紙は同じように動くが、一方が前に動いているとき他方は後ろに、一方が後ろに動いているときは、他方が前にというように、前後が逆になった形で振動する。この状態を「逆相」と呼ぶ。

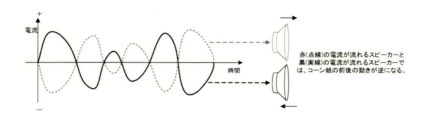

　話をDOLBY SURROUNDに戻そう。
「4チャンネル映画音響のSの音を逆相にしてステレオのL/Rにそれぞれ記録する」とは、「Lチャンネルに記録されたS成分」と「Rチャンネルに記録されたS成分」が上図のように逆相になっていることを意味する。
　これに対し、4チャンネル映画音響のCの音は、L/Rに全く同じ形で記録されるのは先述の通りだが、このような状態を「同相」と呼ぶ。
　このように、「C成分は同相」「S成分は逆相」としてステレオのL/Rに記録することにより、DOLBY SURROUNDで記録されたステレオには、4チャンネル映画音響すべての成分が含まれているのである。
　ここで、DOLBY SURROUNDで記録されていない単なるステレオの音声と、DOLBY SURROUNDで記録されたステレオ音声を明確にするために、異なる呼び方をすることがあるので説明しておきたい。
　DOLBY SURROUNDで記録されていない単なるステレオの音声は、今までどおりL/Rと呼ぶ。これに対しDOLBY SURROUNDで記録されたステレオ音声はLt/Rtと呼ぶ。Lt/Rtのtはtotalの頭文字。4チャンネ

ルの音響成分すべて（total）が含まれている、ということに由来する。
　よって、
　　・Ltには、4chチャンネル映画音響のL、C、S成分
　　・Rtには、4chチャンネル映画音響のR、C、S成分
が含まれる、ということになる。

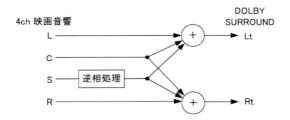

　では、DOLBY SURROUNDで記録されたLt/Rtから、大元の4チャンネル信号であるL、C、R、Sを取り出すにはどのようにすればよいのだろうか？
　簡易的な手法は以下の通りだ。
　　・Lは、Ltそのまま
　　・Rは、Rtそのまま
　　・Cは、LtとRtを足した信号（Lt + Rt）（実際にはファントムセンターで再現）
　　・Sは、LtからRtを引いた信号（Lt − Rt）

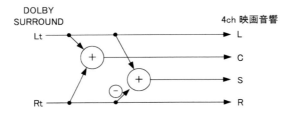

厳密には、もう少々複雑な計算式を用いて大元の4チャンネル信号を復元しているが、要点は上記の通りである。
　これで、DOLBY SURROUNDで記録しておけば、完璧ではないが、大元の4チャンネル信号が復元できることがお分かり頂けたかと思う。
　DOLBY SURROUNDのもう1つ優れた点は、既存のステレオ機器との互換性も有していることにある。言い換えると、DOLBY SURROUNDで記録されたLt/Rt信号をそのままステレオ機器で再生しても、大きな違和感もなく聞くことができるのである。

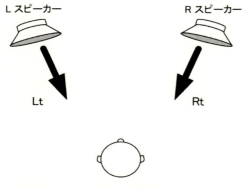

DOLBY SURROUNDで記録されたLt/Rt
をそのままL/Rスピーカーで再生

　ただし、Lt/Rtに記録されたS成分だけは、聴いたときに違和感を覚えることがある。これは、自然界には存在しない逆相という形でS成分がL/Rのスピーカーから出力されるからだ。逆相の音を聞くと、どこから音が鳴っているのか分からない不思議な音に聞こえる。人によっては後ろから聞こえるという人もいる。
　もしも「逆相の音を聞いたことがないけど、ステレオのセットは持っている」「L/Rスピーカーの裏側に、スピーカー線用の赤白の端子が付い

ている」ということであれば、簡単に逆相の音を体験できるのでぜひ試してほしい。その手法は、L/Rスピーカーどちらか一方の結線をプラス・マイナス（赤・白）逆に接続するだけである。こうすると、本来ファントムでセンターの位置から聞こえてくるべき音（先の例でいうと、ニュース番組のアナウンサーの声）が逆相となり、どこから音が聞こえてくるのか分からない不思議な感覚になるはずだ。ここで注意してほしいのは、長時間、逆相の音を聞いていると気持ち悪くなる場合があるということだ。これは、自然界には存在しない逆相の音を聞くことで脳が混乱するために生じるのではないかと筆者は考えている。

　また、すでにお持ちのステレオセットで音を聞いたときに「何だか音が変に聞こえる」という体験をしている方がいらしたら、スピーカー端子に正しくプラス・マイナスの線が繋がれているかをチェックすることをお勧めする。プラス・マイナスを間違えて接続していると、常に逆相の音が出ていることになるからだ。

　なお、DOLBY SURROUNDで記録された映画の場合、サラウンドの音（S成分）のみが長時間に渡って鳴り響くような場面はないので、「DOLBY SURROUNDの映画をステレオスピーカーで聞いていたら気持ちが悪くなってきた」ということも発生しないのでご安心頂きたい。

　話が少々脱線したが、ごく一般的なステレオ音声のメディアでDOLBY SURROUNDの音声を記録できるようになったことで、民生機器でも、DOLBY SURROUNDで記録された信号を大元の4チャンネル信号に戻す機能を備えた製品が登場した。

　ここで、「エンコード」（encode）、「デコード」（decode）という言葉について説明しておきたい。DOLBY B NR、DOLBY SURROUNDとも、ある特別な処理を加えた後に信号をカセットテープやビデオテープなどのメディアに記録する。記録された信号を再生する場合は、記録時とは逆のプロセスを加えることで元の信号を復元する。ここで、記録する前に加えられる特殊な処理を「エンコード」、再生する際の復元処理を「デ

2. 映画音響を家庭へ ～DOLBY SURROUND, DOLBY PRO LOGIC ｜ 21

コード」と呼ぶ。またエンコードする機械を「エンコーダー」(encoder)、デコードする機械を「デコーダー」(decoder) と呼ぶ。

　以下にDOLBY SURROUNDの場合のエンコード・デコードの流れを図示する。

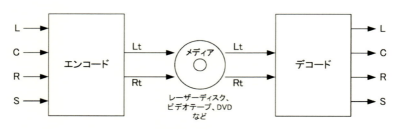

DOLBY SURROUND エンコード・デコード

　DOLBY SURROUNDでエンコードされたLt/Rt信号をデコードする機械は、DOLBY SURROUNDデコーダーである。

　DOLBY SURROUNDデコーダーで大元の4チャンネル信号を復元することはできたが、完璧に復元することは残念ながら不可能であった。これは、4chの信号を無理やり2chのステレオ信号に入れたのだから、ある意味仕方がない。そこで、「完璧な復元は不可能だとしても、より完璧に近い形で復元はできないものか」という研究が進められた。その結果生まれた「DOLBY SURROUNDデコーダーの改良版」が、「DOLBY PRO LOGIC（ドルビープロロジック）デコーダー」と呼ばれるものである。（厳密には「DOLBY SURROUND PRO LOGIC」という名称なのであるが、一般的には「DOLBY PRO LOGIC」という名称で通っていることから、ここでもDOLBY PRO LOGICと呼ぶことにする。）

　DOLBY PRO LOGICデコーダーにより、デコード後のL、C、R、Sの音の分離が格段に良くなった。それを実現したのが、「方向性強調」(Steering) と呼ばれる新機能である。従来のDOLBY SURROUNDデコーダーでS

成分を復元した場合、どうしてもL、C、Rの成分がS出力にも紛れ込んでしまった。これを「Lt/Rtに含まれる信号の主成分がS成分のときは、L、C、Rスピーカーから出る音を絞ってSスピーカーから出る音を強調しよう」という発想のもと、機能を開発した。この機能が方向性強調である。方向性強調はSスピーカー出力だけでなく、同様の考え方でL、C、Rスピーカー出力に対しても有効になるように設計されている。

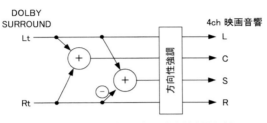

DOLBY SURROUND デコーダーに方向性強調を追加

　もう1つ、DOLBY PRO LOGICデコーダーに含まれる機能で、人間の知覚を応用した面白い機能がある。それは、DOLBY PRO LOGICデコード後のS出力を時間的に若干遅らせる機能（audio delay）である。
　先述の通り、DOLBY PRO LOGICでは方向性強調の機能を加えることでS出力に紛れ込むL、C、R成分を格段に減らすことに成功した。しかし、紛れ込む成分を完全に除去することはできない。特に、センターから出力されるべき人間の声がSスピーカーから漏れ出てくると結構気になるものである。
　そこで、「S出力から漏れ出てしまうL、C、R成分を、聴感上、目立たなくしよう」という策が講じられた。その策が「先行音効果」と呼ばれる人間の耳の特性を応用したものである。
　先のファントムセンターにて説明したように、L/Rスピーカーから全く同じ音を出すと、音はあたかもL/Rスピーカーの中間（センター）から出ているように聞こえる。では、同じ音だがL/Rの音が出るタイミング

に若干の時間差があった場合、人間の耳にはどのように聞こえるのか？

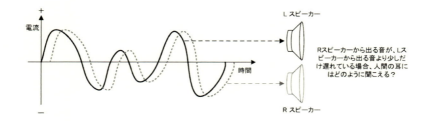

　上図の例でL/Rスピーカー出力の時間差がない場合、音はセンターから聞こえる。しかしRスピーカーから音が出るタイミングをLスピーカーより遅らせていくと徐々に音が左に寄り始め、時間差が5〜25ms（ミリ秒）になると、なんと人間の耳にはLスピーカーからの音しか聞こえなくなる。どうやら人間の脳は、最初に音を知覚すると、その音がどこから来たのかという方向の解析に25ms程度の時間を要するようだ。そのため、25ms以内に全く同じ音が別の場所で鳴っても、後から鳴った音はどこから鳴っているのか知覚できないようである。この先行音効果を、英語では「ハースエフェクト」（Haas effect）と呼ぶことがある。Haasとは先行音効果を発見した人の名前である。

　先行音効果を一般家庭で簡単に確認する方法はなかなか思いつかないのだが、音を編集するソフトを使ったことがある方は、ぜひ片方のチャンネルの音を少しだけ遅らせたステレオ音声ファイルを作って、その音をヘッドホンもしくはステレオスピーカーで聞いてみてほしい。25ms以内の時間差であれば、先に音が出ているスピーカー（もしくはヘッドホンの片方のチャンネル）からしか音が聞こえないはずだ。ちなみに時間差が25msを超えてくると、だんだんとL/R両方から音が聞こえ始めるのと同時に、音の出るタイミングがL/Rで若干ずれていることにも気付き始めるはずである。

この先行音効果を応用し、DOLBY PRO LOGICではS出力をL、C、R出力より20ms遅らせるようにしている。これによって、S出力に漏れ出てしまったL、C、R成分はL、C、Rスピーカー出力より20ms遅れて出ることになり、結果的に先行音効果が働いてS出力から漏れ出たL、C、R成分の音を知覚しづらくなるというわけである。

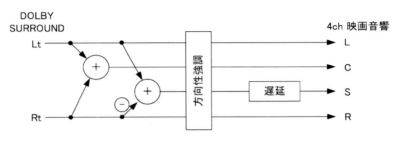

DOLBY PRO LOGIC デコーダー

　このようにして得られたS出力であるが、スピーカーから出力する際は、1本ではなく2本のスピーカーで再生することをドルビーは推奨してきた。これは、映画館のサラウンドスピーカーが実は1本ではなく、映画館後方を囲むように複数のスピーカーで構成されていることに由来する。家庭で再生する際も、サラウンドスピーカーを1本後方に置いただけでは音に囲まれる感覚（サラウンド感）が乏しくなってしまうことから、部屋の後方左右に1本ずつスピーカーを置くことを推奨した、というわけである。

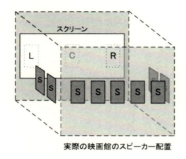
実際の映画館のスピーカー配置

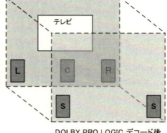
DOLBY PRO LOGIC デコード後のS信号は部屋後方左右の2本のスピーカーから出力

　このような特徴を持つDOLBY PRO LOGICデコーダーは、DOLBY SURROUNDエンコードされた映画ソフトをホームシアターで楽しむための必須アイテムとなり、1980年台後半以降、ほぼすべてのAVアンプに搭載されるようになった。

　ちなみに、DOLBY PRO LOGICエンコーダーというものは存在しない。先述の通り、DOLBY SURROUNDエンコードされた信号をデコードするのがDOLBY SURROUNDデコーダー、DOLBY SURROUNDデコーダーの改良版がDOLBY PRO LOGICデコーダー、という位置付けである。

3. 時代はデジタルへ ～DOLBY DIGITAL（AC-3）

　DOLBY SURROUND や DOLBY PRO LOGIC が登場した頃、一般家庭で楽しむ映像メディアと言えばビデオテープがメインであった。レンタルビデオ店が繁盛したものこの頃だ。ビデオテープに記録できる音声はアナログのステレオ信号だったので DOLBY SURROUND とのマッチングも良かった。

　しかし、この頃、ハリウッドの映画業界ではすでに音声記録をアナログからデジタルに置き換え、かつ、チャンネル数も増やす動きが起きていた。

　まずチャンネル数であるが、これまでの4chから5.1chに増えた。4から5に増えたのは、モノラルだったサラウンドチャンネル（S）をステレオにしたからだ。ステレオになったサラウンドチャンネルを通常、レフトサラウンド（Ls）、ライトサラウンド（Rs）と呼ぶ。もともと映画館のサラウンドスピーカーは複数のスピーカーで構成されていたし、家庭用の DOLBY PRO LOGIC もサラウンドのスピーカーは2本置くことを推奨していたので、サラウンドがステレオになることは理にかなっていたと言える。

　5.1ch という表記の小数点以下の「.1」は、低音成分専用のチャンネルを意味する。ここで言う低音とは、地響きのような非常に低い音を指す。この低音成分専用チャンネルに記録される信号の量が、人間が知覚できるすべての音の範囲の量の10分の1程度であることから、「.1」という表現を使うようになった。この低音専用チャンネルは、通常「LFE」（Low Frequency Effect）チャンネルと呼ばれている。L、C、R、Ls、Rsの5チャンネルを再現するスピーカーの設置位置は決まっているが、LFEを

3. 時代はデジタルへ ～DOLBY DIGITAL（AC-3）　27

再生するスピーカー（通常はサブウーファー）は、視聴空間のどこに置いても構わない。これは、「人間は低音についてはどこで鳴っているかを知覚する能力が低く、どこで鳴っていても同じように聞こえる」という特性に基づいている。

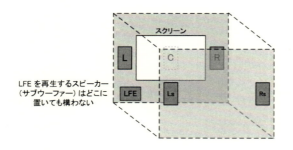

　低音専用のLFEを設けた主な理由は、映画館で迫力ある重低音を再現したかったから、と考えてもらえばいいだろう。低音は人間の耳には聞こえづらく、効果的な音として映画館で再現するためには、かなり大きな信号で記録しておく必要がある。しかし、そのような大きな信号をL、Rなどの既存のチャンネルにミックスしてしまうと、DOLBY B NRの項で説明した「コップから音があふれてしまう」といったような問題点があった。それらを回避するために専用チャンネルを設けたのである。

　この5.1ch信号をデジタルで記録する手法であるが、当時デジタルオーディオとして世の中に出ていたCDと同じ非圧縮のリニアPCMで記録すると、データ量がとんでもなく大きくなってしまい現実的ではなかった。そこで考え出されたのが、音声をデジタルで「圧縮」することでデータ量を小さくしよう、という手法である。5.1chの信号をデジタルで圧縮して記録する方法としてドルビーが編み出したのが、「AC-3」（エーシースリー）と呼ばれる技術である。

　当時、圧縮方式を使って音声を記録するミニディスク（MD）が登場していたこともあって、音声圧縮そのものについては認知されるように

なっていたが、5.1chまで記録できるフォーマットはなく、AC-3はある意味画期的であった。

　ここで「どうやって音のデータ量を減らしているのか？」と疑問を感じている方もいらっしゃるかと思うので、簡単に説明しておきたい。音声圧縮を語る上で欠かせないのが、人間の耳の特性である。DOLBY B NRの項で「マスキング」という人間の耳の特性を説明したが、音声圧縮はこのマスキングを応用している。例えば、100種類の楽器が同時に鳴っている状態を想像してほしい。もしかすると、100個のうちの10個の楽器の音が他の音と比べて小さく、知覚できない（マスキングされている）ということもありうる。このとき「聞こえない10個の楽器の音をわざわざ記録するのは無駄」という発想のもと、データ量を削減するのが音声圧縮である。実際には、これ以外のさまざまな特性・手法を駆使してデータ量を減らしているのだが、基本は「知覚できない音は記録しない」という考え方だ。ただし、データ量を減らしすぎると（圧縮しすぎると）、元の音との違いに気付くようになってしまう。圧縮しすぎると徐々に高音の音色が変わってくるのが一般的だ。音色が変わらないレベルで、いかにデータ量を少なくできるかが、音声圧縮技術方式の良し悪しを決める目安の1つになっている。

　さて、ドルビーが開発したAC-3であるが、「AC-3があるのなら、AC-1やAC-2もあるのでは？」と思う方もいるであろう。これはご想像の通りで、AC-1やAC-2も存在したのだが、広く世の中に知られることはなかったのでここでの説明は割愛する。なお、「AC」はaudio codingの略。つまりAC-3という名称は、「ドルビーが開発した音声圧縮方式の第3世代」というところから来ている。

　AC-3が最初に採用されたのはハリウッドの映画作品だ。当初5.1chの音は映画館でしか聞くことのできないものであったが、それら5.1chで製作された映画はすぐに民生用のメディアでもリリースされることになる。「最初にAC-3が採用された民生用メディアはDVD」と思っている方がい

3. 時代はデジタルへ 〜DOLBY DIGITAL（AC-3）

るかもしれないが、実はレーザーディスクのほうが先である。レーザーディスクには、ステレオの音声信号をデジタル・アナログの両方で記録することができるようになっていたのだが、このうちのアナログRch領域を潰して、代わりにAC-3のデジタル信号を記録する方式を採用した。

AC-3のロゴに入っている「RF」とは、アナログRch領域にAC-3信号をデジタルで記録する際、RF（Radio Frequency）変調という方式を用いたことに由来する。

AC-3信号を出力できるレーザーディスクプレーヤーが市場に出るのと同時に、AC-3信号をデコードできる5.1ch対応AVアンプも発売された。当時の初代AC-3対応AVアンプには（記憶が正しければ）「DOLBY AC-3 PRO LOGIC」というロゴが付いていた。（AC-3とPRO LOGICの両方がロゴに含まれているのは、すべてのAC-3対応AVアンプがAC-3のデコードにもDOLBY PRO LOGICのデコードにも対応していたからである。）

しかし、このAC-3のロゴはすぐに市場から姿を消すことになる。それは、AC-3という名称を使うのを止め、「DOLBY DIGITAL」（ドルビーデジタル）という名称を使うことにしたからである。

伝え聞いた話で真偽のほどは定かではないが、名称を変えた理由は、創業者レイ・ドルビーの鶴の一声だったらしい。当時、ある展示会に出席したレイ・ドルビーはAC-3対応製品の数々を目にしたのだが、誰もその技術を「DOLBY AC-3」とは呼んでくれず、単に「AC-3」とのみ呼んでいた。AC-3はDOLBYの技術であるということを世の中の人に広く知ってもらいたかったレイ・ドルビーは名称の変更を提案し、結局DOLBY DIGITALという名称に落ち着いた、ということのようだ。

このようにして一般消費者の目からはAC-3という名称が消えたわけだが、すでにさまざまな技術規格団体に提出した規格書にはAC-3という名称が記載されていた。そこで、「技術名称はAC-3、マーケティング名称はDOLBY DIGITAL」という立場を取ることになった。

先述の通り、DOLBY DIGITALはDVDに正式採用されたこともあって、DVDプレーヤーや、DVDソフトにはどこかにDOLBY DIGITALのロゴが付いているのが常である。おそらく1990年代以降に生まれた方で「ドルビーのロゴを見たことがある」という方は、DVDでロゴを見たというのがほとんどであろう。

　DOLBY PRO LOGICによって、家庭でもマルチチャンネルのサラウンド音声が楽しめるようになってはいたが、先述の通りDOLBY PRO LOGICでは、どうしても他のチャンネルへの音漏れが避けられなかった。しかし、DOLBY DIGITALではこの音漏れが全くない。初めて5.1ch個々のスピーカーから全く混じり気のないくっきりとした音を聞いたときは、かなりの衝撃であった。

　ちなみに、DOLBY DIGITALによって音漏れが完全になくなったので、DOLBY PRO LOGICで採用されていた「先行音効果を応用したサラウンド出力に対する信号遅延」も不要になった。

　なお、ここまでの説明を読むと「DOLBY DIGITALは常に5.1ch」という印象を持たれるかもしれないが、そのようなことはない。モノラル（1ch）、ステレオ（2ch）など、5.1ch以下であればどのようなチャンネル形式でもDOLBY DIGITALで圧縮・記録することが可能である。

　また、DOLBY SURROUNDの項で説明した「エンコード」「デコード」という概念がDOLBY DIGITALにあるのも同様だ。DOLBY SURROUNDでエンコードされた信号がLt/Rtと呼ばれることは説明したが、DOLBY DIGITALのようにデジタルで圧縮された信号のことを一般的に「ビットストリーム」（bitstream）と呼ぶ。これは、エンコード後の信号が1か0のビット（bit）で構成され、かつ、そのビットが1100101010111……というように1本の流れ（stream）となっているからである。

3. 時代はデジタルへ 〜DOLBY DIGITAL（AC-3）

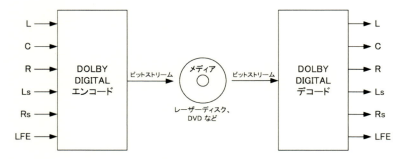

DOLBY DIGITAL エンコード・デコード

　レーザーディスクやDVDで採用されたDOLBY DIGITALは、DVD以外にも活躍の場を広げていく。その一例が、日本の地デジに相当する北米の地上波デジタルテレビ放送だ。北米の地デジは、音声がDOLBY DIGITALで記録・放送されている。ケーブルテレビもDOLBY DIGITALを使っているところが多い。そのため北米で発売されるテレビにはDOLBY DIGITALデコーダーが入っているのが一般的である。北米以外でもDOLBY DIGITALを使ってテレビ放送を行っている国は多数ある。

4. DOLBY PRO LOGICの進化 ～DOLBY PRO LOGIC II

　DOLBY DIGITALの登場によってサラウンドチャンネルがステレオ（Ls/Rs）になったのは先述の通りである。DOLBY SURROUND（Lt/Rt）で記録された昔の映画はDOLBY PRO LOGICでデコードすればモノラルのサラウンドが得られるが、DOLBY DIGITALのようにステレオで再生することはできないものか。このような発想のもと、DOLBY PRO LOGICデコーダーの進化版が開発された。それが「DOLBY PRO LOGIC II」（ドルビープロロジックツー）である。

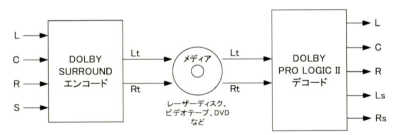

DOLBY SURROUND エンコード → DOLBY PRO LOGIC II デコード

　「そもそもエンコード前の大元のサラウンド信号はモノなのに、なぜそこからステレオのサラウンド信号を復元できるの？」と不思議に思っている方がいるとすれば、それはごもっともである。ここで復元されるステレオのサラウンド信号は、入力信号（Lt/Rt）から推測して作り出された信号と言っても過言ではない。しかし、その推測方法が非常に優れているゆえ、何の違和感もなく、かつ、既存のDOLBY PRO LOGICとも

互換性を保った形でステレオのサラウンド信号を導き出してくれる。

以下、どのような形でLt/Rtからステレオのサラウンド信号（Ls/Rs）を導き出しているか簡単に説明しよう。

DOLBY SURROUNDの項で「逆相」について説明した。モノラルのS成分は逆相にしてLt/Rtに記録する、という話である。Lt/Rtに記録された信号が逆相、かつ、Lt/Rtの大きさが全く同じとき、これをDOLBY PRO LOGICでデコードしてもDOLBY PRO LOGIC IIでデコードしても結果は全く同じになる。どちらも2本のサラウンドスピーカーから同じレベルの信号が出る。（DOLBY PRO LOGICデコードで得られるサラウンド信号は1chであるが、サラウンドスピーカーは2本置くことに注意。）

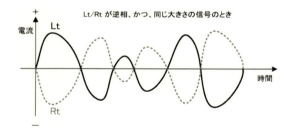

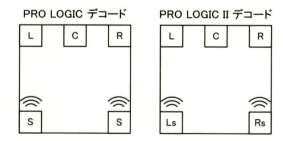

34 | 4. DOLBY PRO LOGICの進化 〜DOLBY PRO LOGIC II

では、Lt/Rtに記録された信号が逆相であるが、Ltのレベルの方がRtより若干大きいとき、これをDOLBY PRO LOGICでデコードしたらどうなるか。結果はSスピーカーからの出力がメインにはなるが、Lスピーカーからも若干の音が出力される。つまり、音像としては「SとLの中間で、ややS寄り」の位置から音が出ているようなイメージになる。

　同じ信号をDOLBY PRO LOGIC IIでデコードしたらどうなるか。結果はLsスピーカーからの出力となる。Lsの位置は「SとLの中間で、ややS寄り」であるから、DOLBY PRO LOGICでデコードした場合と、聴感上、ほぼ同じ位置から音が聞こえているような感じとなる。

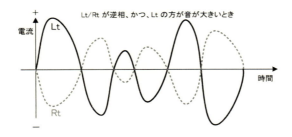

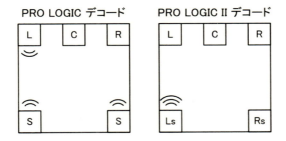

　同様に、Lt/Rtに記録された信号が逆相であるが、Ltのレベルの方がRt

4. DOLBY PRO LOGICの進化 〜DOLBY PRO LOGIC II | 35

より若干小さいとき、このLt/RtをDOLBY PRO LOGIC IIでデコードすると、Rsスピーカーからの出力となる。つまり、DOLBY PRO LOGIC IIデコーダーによって、サラウンドの出力がステレオになるのである。

DOLBY PRO LOGIC IIの登場により、DOLBY SURROUNDエンコードされたコンテンツでも5chスピーカーをフルに活用した音で楽しめるようになったことから、「DOLBY DIGITAL登場前の映画作品の音をもう1度聞いてみよう」と考えたユーザーもいたはずだ。DOLBY PRO LOGICでは味わえなかったサラウンドのステレオ感が、DOLBY PRO LOGIC IIによって実現されたのである。

DOLBY PRO LOGIC IIのもう1つの特徴は、DOLBY SURROUNDエンコードされていない普通のステレオ音声であっても効果を出せるモードを備えていた点である。その1つが「DOLBY PRO LOGIC II MUSICモード」である。普通のステレオ音声（Lt/Rtではないステレオ音声）をこのMUSICモードで聴くと、メインの楽器やボーカルはフロントのL、C、Rスピーカーから、エコーや残響音はLs/Rsスピーカーから聞こえてくる。ステレオの音楽を5chスピーカーすべてを使って鳴らすことで、心地よいサラウンド感が得られるのである。

DOLBY PRO LOGIC IIに対応した製品は、ほとんどの場合、DOLBY DIGITALにも対応している。

「DOLBY DIGITALには対応せず、DOLBY PRO LOGIC IIのみに対応した製品」というのはあまりお目にかかれないはずだ。あるとすれば、一部のカーオーディオ製品くらいであろう。

ちなみに、DOLBY PRO LOGICの項で「DOLBY PRO LOGICエンコーダーというものは存在しない」と説明したが、「DOLBY PRO LOGIC IIエンコーダー」は存在する。

エンコード前の音源が4chではなく5ch（サラウンド成分Ls/Rsがステレオ）の場合は、DOLBY PRO LOGIC IIエンコーダーを使うことで、Lt/Rtに5chすべての成分を見事に埋め込むことができるのである。ただし、

DOLBY PRO LOGIC IIエンコードされているということを明示的に示しているコンテンツはほとんどないので、あまりお目にかかることはないであろう。

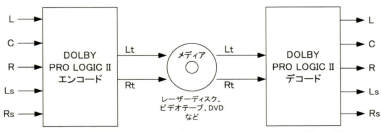

DOLBY PRO LOGIC II エンコード → DOLBY PRO LOGIC II デコード

　DOLBY DIGITALとDOLBY PRO LOGIC IIは、その後、長きに渡ってホームシアター製品には必ず入る機能となった。DOLBY DIGITAL（AC-3）によって5.1chという概念が世の中に登場したのは1992年である。その後、現在に至るまでホームシアターといえば基本は5.1chである。

　ここで、「DOLBY DIGITALは5.1chだけど、DOLBY PRO LOGIC IIデコードで5.1chを作り出すことはできないの？」と思われる方もいらっしゃるであろう。もしくは、「家にはサブウーファーも含めた5.1chスピーカーがある。DOLBY PRO LOGIC IIデコードするとサブウーファーからも音が出るから、DOLBY PRO LOGIC IIは5.1chデコードしているはずだ」と考えている方もいらっしゃるであろう。

　正解を申し上げると、DOLBY PRO LOGIC II自体は5chデコードで、5.1chのデコードには対応していない。しかし、DOLBY PRO LOGIC IIデコードするとサブウーファーからも音が出るはずだ。これは、デコード後に「ベースマネージメント」（Bass Management）と呼ばれる処理が行われているからである。業界人は略して「バスマネ」と呼ぶことが

4. DOLBY PRO LOGICの進化 〜DOLBY PRO LOGIC II | 37

多い。

　ベースマネージメントを強いて日本語に訳すなら「低音管理」となるであろう。このベースマネージメントとは何かと言うと、「低音を出すには大きなスピーカーが必要」「低音は、そもそもどこから鳴っているのか識別しづらい」「ならば、小さなスピーカーの低音成分すべてを大きなスピーカーから鳴らしてしまおう」という発想のもと、低音成分を分配してしまう機能である。

　例えば、サブウーファーも含んだ5.1chのスピーカーを持っているとしよう。しかし5chのスピーカーはすべて小さく、口径が10cmにも満たない小さなスピーカーだったとすると、重低音を鳴らすことが物理的に難しい。このような場合、5ch（L、C、R、Ls、Rs）の低音成分はサブウーファーから出力し、5chスピーカーからは低音成分を除いた中高音成分のみを鳴らすと、低音から高音までバランスの取れた音として聴くことができるようになる。

　DOLBY PRO LOGIC IIデコードの後、サブウーファーからも音が出るのは、このベースマネージメントが働いているからである。

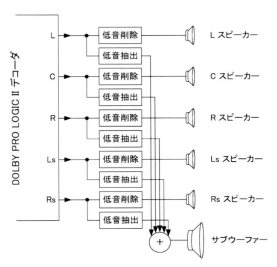

ベースマネージメントの一例
（L, C, R, Ls, Rs スピーカーがすべて小さい場合）

　このベースマネージメント、実は、DOLBY PRO LOGIC IIデコード後の信号に対してのみ働くわけではなくDOLBY DIGITALデコード後の信号に対しても同様に働く。例えば、上記と同じ「5.1chスピーカーの5chスピーカーがすべて小さい」場合、DOLBY DIGITALデコード後のLFE信号に、L、C、R、Ls、Rs信号の低音成分を加えたものがサブウーファーから出力される。

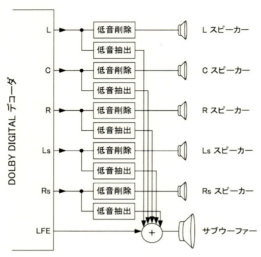

ベースマネージメントの一例
（L, C, R, Ls, Rs スピーカーがすべて小さい場合）

　上記の例では、5chスピーカーがすべて小さい場合を例としたが、例えばL/Rスピーカーが重低音まで再現できる十分大きなスピーカーであった場合、L/Rの低音成分を削除することなくそのままL/Rスピーカーから出力してもよい。この場合、L/Rの低音成分を抽出してサブウーファーに回す必要もない。

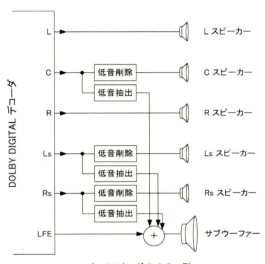

ベースマネージメントの一例
（L, R スピーカーは大きいが、C, Ls, Rs スピーカーが小さい場合）

　L/R以外のスピーカーが大きい場合も、同様の考え方で低音成分の割り振りを考えればよい。
　AVアンプをお持ちの方は、ぜひスピーカー設定メニューを見てほしい。それぞれのスピーカーのサイズ（大中小）、もしくは、それぞれのスピーカーがどのくらい低い周波数（Hz）まで再生できる能力を持っているかを設定する項目があるはずだ。これによって自動的に最適なベースマネージメントが設定されるようAVアンプメーカーが製品を設計してくれている。
　なお、このベースマネージメントの考え方を広く普及させたのもドルビーで、現在はホームシアターのみならずプロオーディオの世界でも低音再生の考え方の基本となっている。

4. DOLBY PRO LOGIC の進化 〜DOLBY PRO LOGIC II | 41

5. ステレオスピーカーでサラウンド 〜 VIRTUAL DOLBY DIGITAL

　DOLBY DIGITALによって「ホームシアターは5.1ch」という世界は確立されたものとなったが、実際に5.1chスピーカーを自宅に設置している方はどのくらいいるだろうか？　私は仕事柄1995年頃には5.1chスピーカーを自宅に導入したが、その後、業界人・仕事関係以外の友人・知り合いで5.1chスピーカーを導入したという方にはなかなかお目にかかれない。おそらく日本全国でも5.1chスピーカーを設置している方は全人口の1%にも満たないのではないだろうか。特に都会のアパート・マンションなどの住環境を考えると、5.1chスピーカーを使って重低音まで鳴らすというのは非常に困難であろう。このような方々が、重低音は無理としても、せめてサラウンドの音を容易に楽しむ手段はないものだろうか？

　DOLBY DIGITAL登場直後から、「家庭での5.1chスピーカー設置はハードルが高い」との指摘があり、その解決策が検討されていた。それを満たすものとして登場したのが、ステレオスピーカーのみによる「バーチャル（virtual）再生」である。センターはL/Rのスピーカーがあればファントムセンターで再現できるので、特に何もする必要がない。難しいのは「前方にあるL/Rスピーカーだけで、どうやってあたかも後方から音が来るように聞かせられるか」だ。実は、このバーチャル再生の基本理論自体は目新しいものではなく、音声処理をするプロセッサの能力が十分あれば実現できるものであった。DOLBY DIGITALが登場した頃、音声処理プロセッサの能力が半導体技術の進歩と相まって年々高まり、バーチャル再生技術も民生品で使えるレベルの部品に組み込むことができるようになったというのが実態とも言える。そのため、DOLBY DIGITAL登場後ほどなくして、各社から「自社にはバーチャル再生の技

術がある」「自社のバーチャル再生の機能を組み込んだ製品を出したい」といった声が挙がってきた。

　この要望に応えるべく導入されたのが「VIRTUAL DOLBY DIGITAL」（バーチャルドルビーデジタル）という認証システムである。ここで「認証システム」と記したのは、VIRTUAL DOLBY DIGITALのバーチャル処理部分に、必ずしもドルビーの技術を使う必要がないからである。

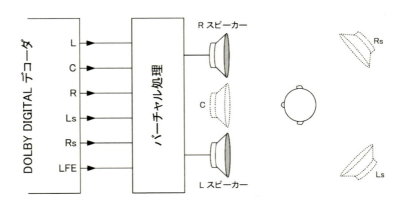

バーチャル処理によってL/Rスピーカーから音を出すだけでLs/Rsからも音が出ているように聞こえる。

　ドルビーは、各社のバーチャル技術を試聴確認し、「DOLBY DIGITALの5.1chサラウンド音場をL/Rスピーカーのみでも満足できるレベルで再現できている」と判断したものに対し、VIRTUAL DOLBY DIGITALロゴをつけてもよい、とした。

　このバーチャル技術によって一気にサラウンド再生が一般に広がるかと期待されたのだが、残念ながら実際にはそうはならなかった。それは「バーチャル効果はL/Rスピーカーから等距離の位置で聞いたときのみ得られる」という制約があったのが一番の理由であろう。バーチャル効果が得られる視聴位置の範囲を「スイートスポット」（sweet spot）という。

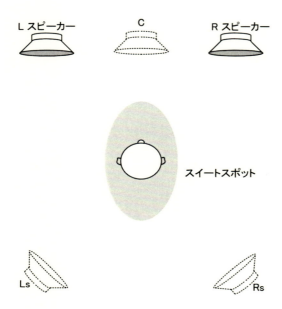

　各社の技術によって、このスイートスポットの広さに若干の差はあるが、L/Rスピーカー間の距離が2m程度の場合、視聴位置で頭1個分左右に動くだけでバーチャル効果が弱まってしまうものが多い。つまり、バーチャル音声で映画を楽しむとなった場合、1人の場合はL/Rスピーカーから等距離の位置に座れば問題ないが、ソファに並んで2人で楽しむというのは現実的には厳しいのである。

　バーチャル再生が広がらなかったもう1つの理由は「長時間聴いていると疲れる」「音が不自然」といったケースが見られたからであろう。DOLBY SURROUNDの項で「逆相」について説明した。その説明の中で「注意してほしいのは、長時間、逆相の音を聞いていると気持ち悪くなる場合があるということだ。これは、自然界には存在しない逆相の音を聞くことで脳が混乱しているために生じているのではないかと筆者は考えている」と述べた。実は、バーチャル音声で再現されたLs/Rs成分

の音は、多かれ少なかれ逆相信号としてL/Rスピーカーから出力されているケースがほとんどだ。そのため、バーチャル再生された音を長時間聞いていると脳が混乱して疲れるのではないかと思われる。

ここまで、バーチャル再生のマイナスイメージばかりを語ってしまったが、L/Rスピーカーのみで簡易的にサラウンド再生を楽しむ手法としては、非常に有効な機能であることを改めてお伝えしておきたい。最近の製品ではバーチャル再生機能が入っていることを大きく取り上げる製品は少なくなったが、裏を返せば、バーチャル再生はごく当たり前の機能になってきたということになるかと思う。お時間があるときにでも、お手持ちの製品のオーディオ機能について取扱説明書を読んでみてほしい。もしかすると、知らず知らずのうちにバーチャル再生した音を聞いている場合があるかもしれない。

ここまで、DOLBY DIGITALの5.1chデコード後にバーチャル処理を加えた場合の説明をしてきたが、これ以外にも、次のような製品がある。

- DOLBY PRO LOGICデコード後の4ch信号にバーチャル処理した製品
- DOLBY PRO LOGIC IIデコード後の5ch信号にバーチャル処理した製品
- DOLBY DIGITAL、DOLBY PRO LOGIC II両デコード後にバーチャル処理した製品

これらについても、「十分な効果がある」とドルビーが認めた場合にドルビーのロゴ使用を許可する認証システムを開始した。

6. ヘッドホンでもサラウンド ～DOLBY HEADPHONE

　ステレオスピーカーでのバーチャル再生技術が世の中をにぎわせていた頃、「ヘッドホンでもバーチャル再生できないか」という試みが進行していた。ステレオスピーカー同様、ヘッドホンもチャンネルはL/Rの2個だけなので、ステレオスピーカーでのバーチャル再生が実現できればヘッドホンでも容易にバーチャル再生が実現できそうであるが、実はそう簡単ではない。

　VIRTUAL DOLBY DIGITALの項で説明した通り、ステレオスピーカーでバーチャル処理を実現する場合、L、C、R成分に対しては何も処理を施す必要がない。必要なのはLs/Rs成分に対するバーチャル処理のみである。

　しかし、ヘッドホンでそのままL、C、R成分を再生すると、L成分のみが鳴ったときは左耳のすぐ近く、R成分が鳴ったときは右耳のすぐ近く、C成分が鳴ったときは頭の中で音が鳴っているような感覚になる。(頭の中で音が鳴っている感覚を「頭内定位」と呼ぶ。)

頭内定位

　ヘッドホンでの5.1chバーチャル再生を実現するためには、これらL、C、R成分があたかもリスナーの前方にあるL、C、Rスピーカーから音が出ているようにしなくてはならないのである。

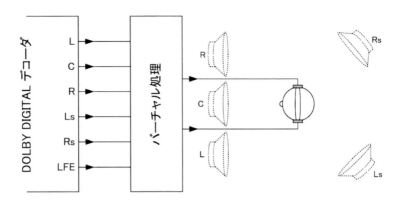

ヘッドホンの場合、Ls/Rs 成分だけでなく
L、C、R 成分についてもバーチャル処理が必要

　つまり、ヘッドホンでの5.1chバーチャル再生は、ステレオスピーカーでの5.1chバーチャル再生より技術的に難易度が高いのである。
　DOLBY DIGITAL登場以前から「バイノーラル」（binaural）と呼ばれる技術が存在し、ヘッドホン再生であっても頭外に音を定位させることは可能であった。しかし、その処理をリアルタイムで実現することは、当時の民生用部品では処理量が多過ぎて困難であったため、事前に長大な時間を使ってバイノーラル処理した音をステレオで録音し、それを後でヘッドホンで聴くのが一般的だった。この「処理量が多過ぎる」という問題を解決し、リアルタイムでのヘッドホン5.1chバーチャルサラウンド再生を実現したのが、「DOLBY HEADPHONE」（ドルビーヘッドホン）と呼ばれるドルビー独自の技術である。
　ステレオスピーカーでのバーチャル処理については、「ドルビーが効果ありと判断した技術であればVIRTUAL DOLBYのロゴを使ってよい」という認証システムを導入したが、DOLBY HEADPHONEについてはドルビー独自技術を市場に導入することとした。他社技術でもバーチャ

ルヘッドホン再生できるものが存在はしたが、バーチャルスピーカー時のような認証システムをドルビーが導入することはしなかった。その理由は、人間の耳の聞こえ方は人それぞれの部分があり、「どこまでの音を効果ありとし、どこからは効果なしとするのか」という線引きが難しいことをVIRTUAL DOLBY認証の経験で悟ったからである。

DOLBY HEADPHONEの音を初めて聴いたのは1996〜1997年頃であったかと思うが、その音が衝撃的であったことはよく覚えている。仕事柄バイノーラル録音された音はそれ以前に聞いたことがあったので、DOLBY HEADPHONEに対してもそれなりの期待感は持っていたが、それを上回る音であった。「ヘッドホンで5.1chサラウンドが楽しめるのであれば、近所に迷惑を掛けることなく夜中でも5.1chで映画を楽しめる」と心の中で喜んだものである。

ただし、バーチャルなヘッドホン再生であるので、当然ながら課題もある。それは、スピーカーでのバーチャル再生同様、DOLBY HEADPHONEの効果のほどには個人差があるということだ。「効果がすごい！」と言う方もいれば「あまりサラウンドから聞こえてくる感じがしない」と言う方がいるのも事実である。ただし「普通のステレオの音をヘッドホンで聞いたときと比べて、DOLBY HEADPHONEの音に何も効果が感じられない」という方にはこれまで出会ったことがない。もしDOLBY HEADPHONEの音をまだ聞いたことがないのであれば、ぜひ1度お試し頂き、その効果のほどを確認して頂きたい。

ところで、バイノーラルについて触れた際、「事前に長大な時間を使ってバイノーラル処理した音をステレオで録音し、それを後でヘッドホンで聴く」という手法をお伝えした。ということは「事前にDOLBY HEADPHONE処理したステレオ音声を作って、それをDVDなどに記録しておけば、どんなユーザーでもDOLBY HEADPHONEの音を楽しめるのでは？」とお思いになった方もいらっしゃるであろう。答えはYESである。

事実、2001年に発売された「パールハーバー」という映画のDVDには、DOLBY HEADPHONEで事前処理されたステレオ音声が実験的に記録されていた。しかし、このDVD以降（当方の知る限り）DOLBY HEADPHONE音声を記録した作品は発売されていない。発売されていない理由は、技術的な問題というよりはビジネス的な問題が主であろう。

　さて、DOLBY HEADPHONEの導入後、「ステレオスピーカーでのバーチャル再生についてもドルビー独自の技術を導入しよう」という動きが高まった。VIRTUAL DOLBY DIGITALは他社の技術でもOKという認証システムであったが、これをドルビー独自の技術で進化させようというのである。このような経緯で導入された技術が、「DOLBY VIRTUAL SPEAKER」（ドルビーバーチャルスピーカー）である。DOLBY VIRTUAL SPEAKERはDOLBY HEADPHONEの派生技術とも言える。

　ちなみに、DOLBY VIRTUAL SPEAKERでは、L/R成分の音を実際のL/Rスピーカー位置よりさらに外側に定位させるWIDEというモードもサポートしている。L/Rスピーカー間の距離が狭く、前方の音の広がりに不満を感じた場合に、このWIDEモードが有効である。

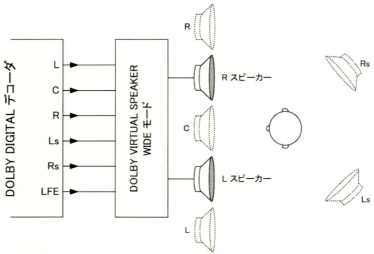

DOLBY VIRTUAL SPEAKER の WIDE モードを使うと、
L/R 成分が実際の L/R スピーカーよりも外に定位

　DOLBY HEADPHONE、DOLBY VIRTUAL SPEAKER で培われたバーチャル再生技術は、その後、ドルビーが発表する各種技術の中で応用されていくことになる。

7．5.1chを超えるサラウンドへ 〜SUR-ROUND EX

　DOLBY DIGITALの登場以降、ホームシアター環境においては、現在に至るまで5.1chが基本スピーカー構成であることは説明した通りである。5.1chシステムを構築するのが難しい家庭環境のために、バーチャル技術による簡易的なサラウンド再生が提案された一方で、映画館では5.1chを超える再生方法についても検討がなされていた。その結果、生み出されたのが「SURROUND EX」（サラウンドイーエックス）という手法である。

　DOLBY PRO LOGICの項で、映画館のサラウンドスピーカーは映画館後方を囲むように複数のスピーカーで構成されていることは説明した。また、DOLBY DIGITALによってサラウンドスピーカーがモノラルからステレオ（Ls/Rs）になったことも説明した。映画館では複数のサラウンドスピーカー群を2つに分けてLs/Rsとしたが、これを3つに分けて映画館後方のスピーカー群をLs/Rsとは別に鳴らすことを考えた。これがSURROUND EXである。言うなれば、SURROUND EXは6.1chのサラウンド方式である。

　新たに追加された映画館後方のチャンネルは、「バックサラウンド」（Bs）と呼ばれることが多い。

　以下に5.1chとSURROUND EXのスピーカー配置図の一例を示す。

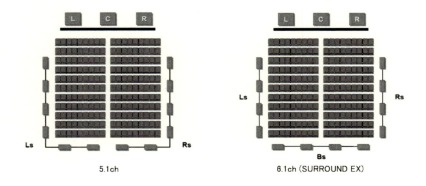

　この6.1ch信号を、どのようにDOLBY DIGITALで記録すればよいのか。DOLBY DIGITALは5.1chまでしか記録できないので、6.1chそのものを記録することは無理である。そこで考えられたのが、サラウンドの3ch成分（Ls/Bs/Rs）をDOLBY SURROUNDのL、C、Rと見立て、2ch信号（Ls/Rs）にエンコードしてしまう手法である。デコードする際にはDOLBY DIGITALデコード後のLs/Rs信号（ここではLs'/Rs'と呼ぶことにする）に対してDOLBY PRO LOGICデコードを施せば、Ls/Bs/Rs成分を復元できる。

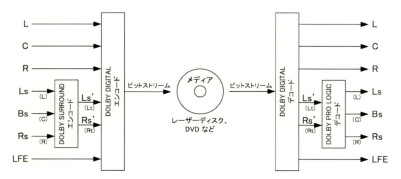

SURROUND EX エンコード・デコード

Ls'/Rs'からLs/Bs/Rsを抽出するのにDOLBY PRO LOGICデコーダーを使用することから、エンコード前のLs/Bs/Rsとデコード後のLs/Bs/Rsを比較すると、完全には一致しないこともある。これは、DOLBY PRO LOGICデコーダーの性能上、仕方がないところであるが、それでもSURROUND EXによって再現されたサラウンド3ch成分は、それまでのステレオサラウンドと比べて、違いがはっきりと分かるレベルである。特に、サラウンドの音がLs→Bs→Rs（もしくはその逆）と移動するときの効果は絶大である。

　ここで、「SURROUND EXだけ、なぜDOLBY SURROUND EXと呼ばないの？」と気付いた方もいらっしゃるであろう。実は、SURROUND EXはTHXと呼ばれる会社との共同開発であったため、DOLBY SURROUND EXという呼び方をしないよう配慮してきた経緯がある。（SURROUND EX自体はドルビーの商標である。）

　SURROUND EXの最初の作品は、1999年に公開された「スター・ウォーズ・エピソード1　ファントムメナス」である。映画好きの方なら、スターウォーズシリーズとTHXとの間に深い関係があったことはよくご存知であろう。

　このような経緯もあり、SURROUND EXでエンコードされたコンテンツをデコードするドルビーの方式は「DOLBY DIGITAL EX」と呼ぶこととした。

　DOLBY DIGITAL EXデコード後の6.1ch信号をスピーカーで再生する際、Bs用スピーカーは1本でも構わないのであるが、2本置くことをドルビーは推奨してきた。これは、DOLBY PRO LOGICデコード後のモノラルS信号を2本のスピーカーで再生することを必須にしてきたのと同じ理由で、映画館の複数のBs用スピーカーを2本のスピーカーで再現しようという意図がある。

　以下に、5.1ch、6.1ch、7.1ch時のドルビー推奨スピーカー配置図を示す。

7. 5.1chを超えるサラウンドへ ～SURROUND EX

5.1ch スピーカー配置　　　6.1ch スピーカー配置　　　7.1ch スピーカー配置

　この図の通り、5.1chスピーカー配置時のLs/Rsスピーカーは部屋の左右後方へ置くことを推奨しているが、6.1ch、7.1chスピーカー配置時のLs/Rsは、リスナーの真横に置くことを推奨していることを付け加えておく。

　繰り返しになるが、6.1chスピーカー配置をドルビーは推奨していない。デコード後の信号が6.1chであっても、スピーカー配置は7.1chを推奨している。

8. DOLBY PRO LOGIC IIの進化 〜 DOLBY PRO LOGIC IIx, IIz

　SURROUND EXによって5.1chのDOLBY DIGITAL信号から6.1chサラウンドを実現することができた。その際の推奨スピーカー配置は6.1chではなく7.1chである。7.1chスピーカー配置時のバックサラウンドスピーカー2本からはモノラルのBs信号が出力されるわけだが、さて、この2本のスピーカーをステレオ化することはできないものであろうか？

　DOLBY PRO LOGICのサラウンド信号はモノラルであるが、それを再生するサラウンドスピーカーは2本だった。この2本のサラウンドスピーカーを活用し、サラウンド信号をステレオ化する手法としてDOLBY PRO LOGIC IIが編み出されたのは説明した通りだ。

　ならば、DOLBY PRO LOGICからDOLBY PRO LOGIC IIへと進化したのと同じような発想で、バックサラウンドをステレオ化できないものか？

　このような発想のもと、開発されたのが「DOLBY PRO LOGIC IIx」（ドルビープロロジックツーエックス）という技術である。

　なぜDOLBY PRO LOGIC IIIではなくIIxという名前になったかというと、IIxは、そのほとんどの要素技術がIIの流用だからだ。

　DOLBY PRO LOGIC IIxによって、5.1ch音声を7.1chサラウンド化することが可能となった。ステレオ化されたBs信号は、通常、「レフトバックサラウンド」（Lb）、「ライトバックサラウンド」（Rb）と呼ばれることが多い。

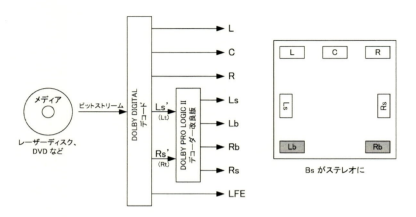

DOLBY PRO LOGIC IIx (5.1ch → 7.1ch)

　DOLBY PRO LOGIC IIx は SURROUND EX との互換性も持っていて、DOLBY PRO LOGIC IIx 対応製品には必ず DOLBY DIGITAL EX デコード機能も備わっている。

　ちなみに、DOLBY PRO LOGIC IIx では、5.1ch→7.1ch化だけでなく、ステレオ信号の7ch化（2ch→7ch）にも対応している。処理イメージとしては、DOLBY PRO LOGIC II によって2ch→5chとした後、さらに5ch→7ch処理を行うといった形である。（実際にはもっと複雑な処理を施すことで2ch→7chを実現している。）

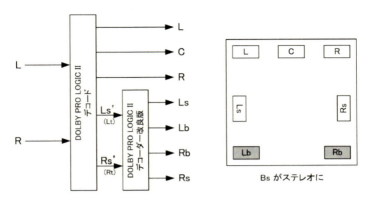

DOLBY PRO LOGIC IIx (2ch → 7ch)

　その後、DOLBY PRO LOGIC IIx も更なる進化を遂げ、「DOLBY PRO LOGIC IIz」という技術が生まれた。IIz では、前方 L/R スピーカーの上方にそれぞれスピーカーが追加されている。上方スピーカーの呼び方はさまざまであるが、ここでは、追加された上方スピーカーをそれぞれ Lh、Rh と呼ぶことにする。

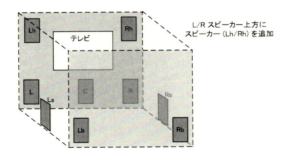

　図では、7.1ch スピーカーに対して Lh/Rh スピーカーが追加された格好になっているが、DOLBY PRO LOGIC IIz では、5.1ch スピーカーに対し

てLh/Rhスピーカーを追加するモードもサポートしている。これによって「部屋の後ろにスピーカーを置くスペースはないが、テレビの上方左右の壁であればスピーカーを付けられる」という場合にも対応できる。

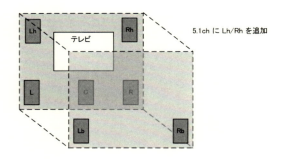

5.1chにLh/Rhを追加

　DOLBY PRO LOGIC IIzの処理は、PRO LOGIC IIx同様PRO LOGIC IIの応用で、2ch信号、5.1ch信号の双方に対して有効だ。
　ちなみにIIx, IIzはあるが、IIyは存在しない。
　このように、DOLBY SURROUNDエンコードされた信号をデコードするために開発されたDOLBY PRO LOGICは、その後、II、IIx、IIzと進化を遂げ、ホームシアターにおけるサラウンド再生に革新をもたらし続けてきたのである。
　ただし、DOLBY PRO LOGIC IIx、IIzは、2chや5.1ch信号から擬似的にLb/RbもしくはLh/Rh信号を作り出す技術であって、大元のコンテンツにLb/RbやLh/Rh成分が含まれている場合に、それらをきちんと再現できるような技術ではない。DOLBY PRO LOGIC IIx、IIzは、数多くのスピーカーでサラウンド感を「演出」するための技術なのだ。大元のコンテンツに含まれるLb/RbやLh/Rh成分をきちんと再現するためには、後述するように、DOLBY DIGITALの進化版が必要になる。

58 | 8. DOLBY PRO LOGIC IIの進化 〜DOLBY PRO LOGIC IIx, IIz

9. 一般家庭でもDOLBY DIGITALでメディアに記録

　ここで話をいったんDOLBY DIGITALに戻そう。

　DVDが登場する前、テレビ番組を録画して楽しむとなったらビデオテープの出番だった。しかし、DVD-Rという一般家庭でも簡単に記録できる映像用メディアが普及するにつれ、「録画したテレビ番組をDVD-Rに焼いて残しておこう」という需要が出始めた。焼いたDVD-Rを普通のDVDプレーヤーでも再生できるようにするためには、音声をDOLBY DIGITALに変換する必要がある。そこでドルビーが開発したのが、「民生機器用のDOLBY DIGITALエンコーダー」である。

　これまでDOLBY DIGITALエンコーダーといえば、DVDソフトを作成するプロ用スタジオでのみ必要なものであった。プロが使う機器ということで、DOLBY DIGITALエンコーダーには難解な機能やボタンが付いていたが、それらの機能を簡素化し、誰でも使えるような形にして一般家庭に持ち込んだのが、民生用DOLBY DIGITALエンコーダーである。

　民生用DOLBY DIGITALエンコーダーは、先述の通り、主にDVDレコーダー製品で使われていた。通常、DVDレコーダーにはテレビチューナーとハードディスクも付いていて、録画した番組をハードディスクに記録する。ハードディスクに録画した番組は、1度見てしまったら消去する場合が多いかもしれないが、「ハードディスクに記録した番組をDVDに焼いて残したい」という需要もある。そのときに民生用DOLBY DIGITALエンコーダーの出番となるわけである。

　もう1つ、民生用DOLBY DIGITALエンコーダーが使われている製品として、ビデオカメラ（カムコーダー）が挙げられる。2000年代前半まで、ビデオカメラに記録するメディアは「MiniDV」と呼ばれる磁気テー

9. 一般家庭でもDOLBY DIGITALでメディアに記録　59

プが一般的だったが、「MiniDVテープの代わりに、8cm DVD（通常の
DVDは12cm）をビデオカメラの記録メディアとして使おう」という案
が出てきた。その際、記録メディアがDVDということで音声記録には
DOLBY DIGITALが使われることになったのである。

　厳密に言うとDVDと若干異なり、ビデオカメラ用の規格はAVCHDと
呼ばれるものなのだが、AVCHD規格がDVD規格の弟分といった位置付
けだったこともあり、DVDで使われていたDOLBY DIGITALがそのま
まAVCHDでも採用された。

　AVCHDはもともと8cm DVDへの記録を考えて作られたものである
が、他の記録メディアでも使える規格になっていた。そこでビデオカメ
ラの記録メディアが8cm DVDからハードディスクになっても、DOLBY
DIGITALで記録する製品が数多く存在した。（実際のところ、8cm DVD
を記録メディアとして利用したビデオカメラはあまりない。）記録メディ
アがハードディスクになっても、数時間〜数十時間撮影するとハードディ
スクが満杯になってしまう。「ビデオカメラで撮った思い出を永遠に残
そう」と思ったら、ハードディスクの中身をDVDに焼くのが一般的だっ
た。焼いたDVDを通常のDVDプレーヤーでも再生できるようにしたい
と思ったら、音声をDOLBY DIGITALに変換しなければいけないのは、
DVDレコーダーのところで説明した通りである。「どうせDVDに焼くと
きにDOLBY DIGITALに変換するのなら、ビデオカメラで撮影する段階
でDOLBY DIGITALで記録してしまおう」と考えるのは、それほど不思
議なことではない。

　また、DOLBY DIGITALで記録すれば音声のデータが圧縮でき（つま
り録画時間を長くすることができ）、かつ、5.1chまで記録することがで
きる。事実、ビデオカメラにマイクが複数仕込まれていて5.1chまで録音
できる製品も登場した。

　このようにして、民生用のDOLBY DIGITALエンコーダーは、DVD
レコーダーや、ビデオカメラといった製品で幅広く使われるようになっ

たのである。

　なお、民生用DOLBY DIGITALエンコーダー搭載製品は、「DOLBY DIGITAL RECORDING」、「DOLBY DIGITAL STEREO CREATOR」、「DOLBY DIGITAL 5.1 CREATOR」のうちのどれか1つに対応しており、「単純に録画・録音までしかできない機器はRECORDING」「録画・録音した後、編集までできる機器はCREATOR」というルールでドルビーが差別化を図っただけでのことで、DOLBY DIGITALエンコーダーの機能・能力自体に差はない。

　STEREO CREATORと5.1 CREATORの違いは、「2chのエンコード＆編集のみをできるのがSTEREO CREATOR」「5.1chまでのエンコード＆編集をできるのが5.1 CREATOR」である。

9. 一般家庭でも DOLBY DIGITAL でメディアに記録　61

10. リアルタイムに変換出力 ～DOLBY DIGITAL LIVE

　ここまで、DVDのようなメディアに記録するための民生用DOLBY DIGITALエンコーダーを説明してきたが、実は、メディアに記録しない用途の民生用DOLBY DIGITALエンコーダーというものもあることを簡単に説明しておきたい。「メディアに記録しないのになぜエンコーダーが必要なのか？」と思われる方もいらっしゃるであろうが、PCゲームを楽しんでいらっしゃる方にはお馴染みの機能かもしれない。

　5.1chの映画DVDを家庭で楽しもうとした場合、DVDプレーヤーをAVアンプに接続して聞くのが一般的だ。では、5.1ch PCゲームを家庭で楽しむにはどのようにすればよいのか？　この場合、民生用DOLBY DIGITALエンコーダーを搭載した拡張カードをPCに挿し、これとAVアンプを接続するケースが多い。ゲームをプレイしている際の音は、ゲーム中のキャラクターの動きによって（つまりゲームユーザーのプレイの仕方によって）どのようにでも変わる。この音をリアルタイムでDOLBY DIGITALにエンコードしてPCから出力し、5.1chホームシアターで楽しもうというわけだ。このような用途の場合、メディアに記録する必要はないので、「録画時間を延ばすために、できるだけ音声データを圧縮したい」という要望もない。その代わり、できるだけ早く音声をエンコードして出力する必要がある。そうしないと、ゲームの絵に対し、音が遅れて出てくるといった問題が発生してしまうからだ。

　このようなゲームユーザーの声を受け、（圧縮量は小さいが）エンコード時間をできるだけ短くした民生用DOLBY DIGITALエンコーダーをドルビーは開発した。このエンコーダーを「DOLBY DIGITAL LIVE」（ドルビーデジタルライブ）と呼ぶ。

DOLBY DIGITAL LIVEロゴがついた機器をAVアンプに繋いでゲームを楽しむと、ゲームキャラクターの動きに応じた5.1chの音を家庭で楽しめる、というわけである。

　もう1つ、メディアに記録しない用途の民生用DOLBY DIGITALエンコーダーが使われている製品がある。それはBlu-ray（ブルーレイ）プレーヤーだ。Blu-rayプレーヤーの中にDOLBY DIGITALのリアルタイムエンコーダーが入っていることはあまり知られていないが、Blu-rayプレーヤーの取扱説明書を見ると「セカンダリーオーディオ・インターラクティブオーディオをミキシングして出力」といった設定項目があるはずだ。このミキシング機能をオンにすると、実はBlu-rayプレーヤー内部のDOLBY DIGITALのリアルタイムエンコーダーが働いて、DOLBY DIGITALのビットストリームがプレーヤーから出力されるのである。このリアルタイムエンコード機能を「DOLBY DIGITAL COMPATIBLE OUTPUT」と呼んでいるが、Blu-rayプレーヤーの音声ミキシング機能自体がメジャーな機能とは言えないこともあり、ドルビーもDOLBY DIGITAL COMPATIBLE OUTPUTを一般ユーザーに対して声を大にして説明はしていない。DOLBY DIGITAL COMPATIBLE OUTPUTのロゴも存在しない。DOLBY DIGITAL COMPATIBLE OUTPUTは人々の目につかないところで仕事をしていると思って頂いて結構である。

　Blu-rayやセカンダリーオーディオについては、次の項で詳しく説明する。

11. DOLBY DIGITALの進化 ～DOLBY DIGITAL PLUS

　DVDが世の中に出てきたのは1996～1997年。DVDのメインの用途は何といっても映像の記録である。当時はまだアナログのブラウン管テレビの時代であったので、DVDに記録する映像もアナログテレビできれいに映るレベルで十分であった。2000年以降、ハイビジョン（2K）まで映るデジタルテレビが出始めると、DVDもハイビジョンレベルの絵を記録できるようにすべきとの声が高まる。そこで規格化が進んだのがHD DVDとBlu-rayだ。

　業界事情に詳しい方であれば、当時HD DVD陣営とBlu-ray陣営との間で激しい戦いが繰り広げられていたのを覚えていらっしゃるはずだ。両陣営の戦いを見て、遠い昔、VHSとベータがビデオデッキの覇権を争ったことを思い出した方もいることであろう。

　このHD DVDとBlu-rayの双方に対し、ドルビーはDOLBY DIGITALの改良版を提案した。それが「DOLBY DIGITAL PLUS」（ドルビーデジタルプラス）と呼ばれる技術である。

　DOLBY DIGITALとDOLBY DIGITAL PLUSの一番の大きな違いは、DOLBY DIGITALが5.1chまでしか記録できなかったのに対し、DOLBY DIGITAL PLUSでは、5.1chをはるかに超えるチャンネル数まで記録できることである。当時も映画は5.1chがメインであったが、7.1ch（5.1chにLb/Rbを加えた形）の映画需要が見え始めていた。これを受け、HD DVD、Blu-ray双方とも「音声は7.1chまでサポートする」との方針を打ち出した。DOLBY DIGITAL PLUSはこれに応えた形となっている。

　その後、DOLBY DIGITAL PLUSはHD DVDとBlu-rayの双方に採用されたのだが、その使われ方は若干異なっている。HD DVDは残念なが

らフォーマット戦争に敗れ市場から姿を消してしまったので、ここでは、Blu-rayでDOLBY DIGITAL PLUSがどのように使われているのかを説明したい。

　Blu-rayの音声は7.1chまでのサポートとなっている。（DOLBY DIGITAL PLUS自体は7.1chより多いチャンネルもサポートしているが、Blu-rayで使われる場合は7.1chまで。）

　ただし、Blu-rayに5.1chまでの音声を記録する場合は、DOLBY DIGITAL PLUSではなくDOLBY DIGITALで記録するように規定されている。DOLBY DIGITAL PLUSが使われるのは、5.1chを超えるソフトの場合のみなのだ。これはBlu-ray特有の規定である。

　Blu-rayプレーヤーは7.1chまでの音声出力を持たなければいけないかというと、そんなことはない。音声出力はステレオ2chのみという安価なBlu-rayプレーヤーもあるはずだ。先ほど、「Blu-rayで5.1chまでの音声を記録する場合は、DOLBY DIGITAL」と説明した。ということは、「5.1ch以下の音声出力しか持たないBlu-rayプレーヤーはDOLBY DIGITALデコーダーがあれば十分で、DOLBY DIGITAL PLUSデコーダーは不要では？」とお思いになる方もいらっしゃるであろう。答えはYESである。なぜなら、Blu-ray用の7.1ch DOLBY DIGITAL PLUSビットストリームは、「5.1ch部分はDOLBY DIGITALビットストリーム」「5.1chを超える成分のみDOLBY DIGITAL PLUSビットストリーム」というハイブリット構成をとっているからである。以下の図を見てほしい。

11. DOLBY DIGITALの進化 〜DOLBY DIGITAL PLUS | 65

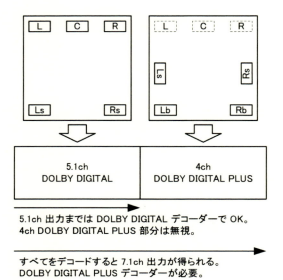

Blu-ray 用 7.1ch DOLBY DIGITAL PLUS ビットストリーム

　コンテンツが7.1ch DOLBY DIGITAL PLUSで記録されていても、冒頭の5.1ch DOLBY DIGITALビットストリーム部分のみをデコードすれば5.1ch以下の音声が得られる。このとき必要なデコーダーはDOLBY DIGITALデコーダーで十分である。
　7.1ch音声が必要な場合は、冒頭の5.1ch DOLBY DIGITALビットストリームと、その後に続く4ch DOLBY DIGITAL PLUSビットストリームの両方をデコードする必要がある。このときに必要なデコーダーはDOLBY DIGITAL PLUSデコーダーとなる。
　ところで、上記の図を見ると5.1ch DOLBY DIGITALと4ch DOLBY DIGITAL PLUSの両方にLs/Rsが含まれていることが分かる。これはなぜかと言うと、5.1ch時のLs/Rsには、7.1ch時のLb/Rb成分が含まれているからである。(もし5.1ch時のLs/RsにLb/Rb成分が入っていなかっ

たら、5.1chデコード時にLb/Rb成分の音が出なくなってしまう。）

つまり、5.1ch時のLs/Rsと7.1ch時のLs/Rsでは、音声が異なるのである。

これにより、7.1chデコードするときの手順は、次のようになる。

1）5.1ch DOLBY DIGITAL部をデコードし、L/C/R/Ls/Rs/LFEを得る。
2）4ch DOLBY DIGITAL PLUS部をデコードし、Ls/Rs/Lb/Rbを得る。
3）5.1chのLs/Rsを、7.1chのLs/Rsに置き換える。
4）L/C/R/Ls/Rs/Lb/Rb/LFEを出力

ここまでの説明で、5.1ch出力以下のBlu-rayプレーヤーの場合にはDOLBY DIGITALデコーダーがあれば十分で、DOLBY DIGITAL PLUSデコーダーは不要あることがお分かり頂けたかと思うが、実を言うと、Blu-rayプレーヤーには必ずDOLBY DIGITAL PLUSデコーダーが入っている。それは、Blu-rayの「セカンダリーオーディオ」（Secondary Audio）と呼ばれる機能でDOLBY DIGITAL PLUSが使われているからだ。セカンダリーオーディオとは、映画の解説などを記録したもの。映画スタッフやキャストのコメンタリー音声などにも使われている。それに対しBlu-rayのメインの音声を「プライマリーオーディオ」（Primary Audio）と呼ぶ。

プライマリーオーディオを記録する場合「5.1chまではDOLBY DIGITAL、5.1chを超えるときにDOLBY DIGITAL PLUSを使う」ということは先に説明した通りであるが、セカンダリーオーディオは、（DOLBY DIGITALではなく）常にDOLBY DIGITAL PLUSで記録するよう規定されている。「セカンダリーオーディオはDOLBY DIGITAL PLUS」「セカンダリーオーディオをデコードすることは必須」となっているため、Blu-rayプレーヤーには必ずDOLBY DIGITAL PLUSデコーダーが入っているというわけだ。

11. DOLBY DIGITALの進化 ～DOLBY DIGITAL PLUS　67

DOLBY DIGITAL COMPATIBLE OUTPUTの項で説明した通り、Blu-rayのセカンダリーオーディオや音声ミキシングという機能はあまり知られていないが、お手持ちのBlu-rayプレーヤーの取扱説明書をぜひ見て頂きたい。音声出力の項で、セカンダリーオーディオをミックスして出力するか否かの選択肢が記載されているはずだ。

しかし、セカンダリーオーディオはあくまで補助的な音声であり、メインの音声というわけではない。よって、セカンダリーオーディオをデコードできるからといってDOLBY DIGITAL PLUSロゴを付けているBlu-rayプレーヤーはないし、セカンダリーオーディオがDOLBY DIGITAL PLUSで記録されているということをわざわざ明示しているBlu-rayソフトもない。Blu-rayプレーヤーでDOLBY DIGITAL PLUSのロゴが付いていたら、それはメイン音声（プライマリーオーディオ）の7.1chデコード出力にまで対応していることを意味する。Blu-rayソフトも同様で、DOLBY DIGITAL PLUSのロゴがパッケージに付いていたら、それはコンテンツのメイン音声（プライマリーオーディオ）が6.1chもしくは7.1chで記録されていることを意味する。

ちなみに、6.1ch・7.1chの映画ソフト自体あまりなく、かつ、あったとしてもDOLBY DIGITAL PLUS以外の音声フォーマットで記録されている場合もあることから、Blu-rayソフトのパッケージ上にDOLBY DIGITAL PLUSのロゴを見つけることはほとんどないであろう。

このように、DOLBY DIGITAL PLUSは、Blu-rayにおいてはあまり目立たない存在となってしまったが、別の分野では活躍している。その一例がテレビで、DOLBY DIGITAL PLUSで放送をしている国もある。また昨今流行のビデオオンデマンド（VoD）でもDOLBY DIGITAL PLUSは活躍している。

さて、DOLBY DIGITALの項で「技術名称はAC-3、マーケティング名称はDOLBY DIGITAL」と説明したが、実はDOLBY DIGITAL PLUSもマーケティング名称という位置付けだ。技術的にみると、

DOLBY DIGITAL PLUSは「AC-3の改良版」なので、技術規格書など
では「Enhanced AC-3」（略称E-AC-3）という名称が使われているケー
スが多い。

12. ロスレス音声圧縮 ～DOLBY TrueHD

　DOLBY DIGITAL PLUSの登場とほぼ時を同じくして、ドルビーからもう1つの音声圧縮技術が登場した。それは、「DOLBY TrueHD」（ドルビートゥルーエッチディー）という技術である。
　DOLBY DIGITAL PLUSとDOLBY TrueHDの違いは、前者が「ロッシー（lossy）圧縮」と呼ばれる技術であるのに対し、DOLBY TrueHDは「ロスレス（lossless）圧縮」と呼ばれる技術であることだ。
　ここでは、まずロッシー圧縮とロスレス圧縮の違いについて説明しよう。
　デジタル音声の基本は「PCM」（Pulse Code Modulation）と呼ばれる技術であることはご存知かと思う。
　下図のように、連続したアナログの信号を、ある一定間隔で計測（サンプリング）し、その計測した値を数値化したものがPCMである。計測の頻度はサンプリング周波数と呼ばれ、CDの場合は44.1kHz（1秒間に44100回のサンプリング）であることは、よく知られている。

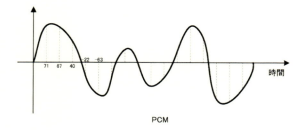

　このPCM信号を、DOLBY DIGITALのようなロッシー技術でエンコード→デコードすると、デコード後のPCM信号は、大元のPCMと必ずし

も一致しない。これは、DOLBY DIGITALの項で説明したように、ロッシー圧縮は、人間の耳に聞こえない成分を削除することで信号圧縮を実現しているからである。

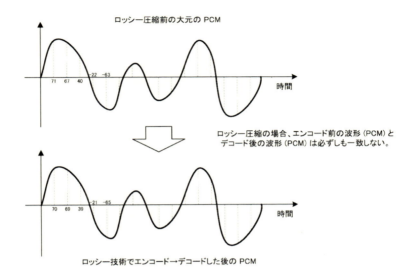

　これに対し、ロスレス技術でエンコード→デコードすると、デコード後のPCM信号は、大元のPCMとすべて一致する。つまり、人間の耳には聞こえない成分も含めて大元の音を忠実に圧縮するのがロスレス圧縮なのだ。PCに慣れ親しんだ方であれば、zipファイルをよくご存知かと思う。ロスレス音声圧縮は、音のzipファイル版と考えると分かりやすいかもしれない。
　ロッシー圧縮と比較すると、ロスレス圧縮は圧縮効率が低い。ゆえにロスレス圧縮は「ファイルサイズをできるだけ小さくしたい」「長時間録音したい」といった用途には不向きなのだが、「ファイルサイズには十分余裕がある」「大元の音を忠実に記録したい」ということであれば、ロス

レス圧縮の方が音質の面でメリットが高い。

　話をDOLBY TrueHDに戻そう。

　HD DVD、Blu-ray双方の音声規格としてDOLBY DIGITAL PLUSが採用されたことは説明したが、その際、ロスレス音声圧縮についても採用が検討された。その理由は、HD DVD、Blu-rayともディスク容量が十分にあり、映画1本の映像を記録した上でも、ロスレス音声を記録するだけの余裕が十分残りそうであったからというのが理由の1つである。

　ここで採用されたドルビーのロスレス音声圧縮技術がDOLBY TrueHDなのだが、実はDOLBY TrueHDの基本技術は、メリディアン（Meridian）という会社が開発した「MLP」（Meridian Lossless Packing）という技術である。

　DVD規格の派生で、「DVDオーディオ」と呼ばれる規格・ディスクがあったことをご存知の方はどのくらいいらっしゃるであろうか。DVDといえば映画などの映像コンテンツを入れるものという認識が一般的だが、オーディオを記録することをメインに考えられたDVDオーディオという規格が存在した。それに使える技術として、ロスレス圧縮のMLPが採用されていたのだ。このときのMLPはDOLBY DIGITAL同様5.1chまでの対応であったが、HD DVD、Blu-rayに採用されたMLPは、DOLBY DIGITAL PLUS同様、7.1chの記録まで対応している。この"改良版MLP"をドルビーがDOLBY TrueHDという名前でライセンスすることになったのである。

　DOLBY DIGITALとDOLBY DIGITAL PLUSはマーケティング名称であり、技術規格書等に現れる技術名称は、それぞれAC-3とEnhanced-AC-3であることは説明したが、DOLBY TrueHDとMLPも同じ関係にある。つまり、マーケティング名称がDOLBY TrueHD、技術名称はMLPである。

　MLPのロゴはDVDオーディオのソフトおよびDVDオーディオ再生機器のみに付いているので、あまりお目にかかれないかもしれない。DOLBY

TrueHDのロゴはBlu-rayのハード、ソフトおよび数多くのAVアンプに付いている。

Blu-rayにDOLBY TrueHDが採用されたが、Blu-rayプレーヤーがDOLBY TrueHDデコーダーまで搭載することは必須ではない。Blu-rayプレーヤーが対応必須なのは、DOLBY DIGITALデコーダーの搭載までだ。Blu-rayプレーヤーをお持ちの方は、そこに付いているロゴを確認してほしい。DOLBY DIGITALのロゴが付いているのみで、DOLBY TrueHDのロゴが付いていないものをお持ちの方も数多くいらっしゃるはずだ。

しかし、市販のBlu-rayソフトを見ると、DOLBY TrueHDのロゴのみで、DOLBY DIGITALのロゴが付いてないものが相当数ある。DOLBY DIGITALとDOLBY TrueHDは全く異なる圧縮方式で、そのデコーダーに互換性はない。となると、DOLBY TrueHDで記録されたBlu-rayソフトを、DOLBY TrueHDデコーダーを搭載していないプレーヤーで再生した場合、音が出ないのであろうか？　このような「音が出ない」という事態が発生しないよう、Blu-rayにDOLBY TrueHDで記録する際には工夫がなされている。それが、DOLBY DIGITALとの並列記録だ。

Blu-rayでのDOLBY TrueHDの記録の仕方

DOLBY TrueHDで記録されたBlu-rayソフトには、DOLBY TrueHDビットストリームとともに、必ずDOLBY DIGITALのビットストリームも記録されている。

DOLBY TrueHDデコーダーを搭載していないBlu-rayプレーヤーは、このDOLBY DIGITAL部分をデコードすることで音が出る、という

わけだ。この場合、DOLBY TrueHD 部分は完全に無視される。一方、DOLBY TrueHD デコーダーを搭載しているプレーヤーの場合は、DOLBY DIGITAL 部分を無視し、DOLBY TrueHD ビットストリームのみをデコードして音を出す。

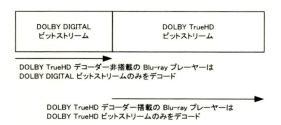

　Blu-ray プレーヤーと AV アンプを接続し、AV アンプ側でデコードする場合も同様である。AV アンプに DOLBY TrueHD デコーダーが搭載されている場合は、Blu-ray ソフトの DOLBY TrueHD ビットストリーム部分のみが AV アンプに伝送される。AV アンプに DOLBY TrueHD デコーダーが搭載されておらず、DOLBY DIGITAL デコーダーのみ搭載されている場合は、DOLBY DIGITAL ビットストリーム部分のみが AV アンプに伝送される。

　このような DOLBY DIGITAL と DOLBY TrueHD の並列記録は、Blu-ray のみで規格化された特殊な記録方式である。フォーマット戦争に敗れて市場から消えてしまった HD DVD は、プレーヤーに DOLBY TrueHD デコーダーを搭載することが必須だったため、Blu-ray のような並列記録も規定されていない。

13. テレビ向けトータルソリューション ～ DOLBY MULTISTREAM DECODER

　DOLBY DIGITALの項で「北米の地デジは、音声がDOLBY DIGITAL で記録・放送されている」と述べた。またDOLBY DIGITAL PLUSの項 では「テレビで、DOLBY DIGITAL PLUSで放送をしている国もある」 と述べたように、ドルビーの音声圧縮技術は各国のテレビ規格で採用さ れている。一方、ドルビー以外の技術を使ってテレビ放送を実施してい る国もある。その代表例が、日本である。

　日本の地デジやBSは、「AAC」（エーエーシー）と呼ばれる音声圧縮技 術を使っている。AACは「MPEG」（エムペグ）とよばれる国際標準化 団体によって規格化された音声圧縮技術だ。AACはドルビーの技術では ないが、実はAACに関する特許のいくつかをドルビーが保有している。

　日本で発売されている地デジ・BS対応テレビには必ずAACデコーダー が入っているのだが、AACロゴが付いているものはないであろう。AAC デコーダーがテレビに入っているのは当たり前で、わざわざロゴを付けて 訴求する意味がないからだ。一方AACデコーダーを搭載したAVアンプ にはこのAACロゴが付いているものが存在する。「AACロゴが付いてい るAVアンプを買えば、地デジ・BSの5.1ch放送もDOLBY DIGITALな どと同様にデコードできますよ」ということを訴えるのに有効だからだ。

　海外でのテレビ用音声規格はというと、DOLBY DIGITAL、DOLBY DIGITAL PLUS以外に、AACの改良版である「HE-AAC」（エッチイー エーエーシー）で放送している国がある。HE-AACもMPEGによって規 格化された音声圧縮技術だ。

　ここで、テレビメーカーにとって困った事態が発生した。ある国・地 域では、「放送局はDOLBY DIGITAL PLUSとHE-AACのどちらかで放

送すればOK」「テレビは、DOLBY DIGITAL PLUSとHE-AACのどちらの放送が来ても音が出るようにしなければいけない」となってしまったからだ。つまり、1台のテレビにDOLBY DIGITAL PLUSとHE-AAC両方のデコーダーを搭載しなければいけなくなったのである。

　DOLBY DIGITAL PLUSデコーダーの開発は、ドルビーがサポートするから問題ないとして、HE-AACデコーダーの開発をどうするかが当時のテレビメーカーの悩みとなった。先述の通り、HE-AACはMPEGという国際標準化団体によって定められたもので、そのデコーダーは誰でも作ることが可能だ。一方、誰でも作れる代わりにそのデコーダーが正しく動いているか否かを誰も保証してくれないというジレンマがあったのだ。それを解消すべくドルビーが立ち上がり、「DOLBY MULTISTREAM DECODER」（ドルビーマルチストリームデコーダー）というトータルソリューションを提供することとした。

　DOLBY MULTISTREAM DECODERという名前の技術は存在しない。DOLBY MULTISTREAM DECODERは、

　　・DOLBY DIGITAL PLUSデコーダー（当然ながらドルビーが開発）
　　・ドルビーが開発したHE-AACデコーダー
という2つの技術をパッケージにしたソリューションの名称である。

14. 音量差の解消 〜DOLBY VOLUME

　これまで説明してきたように、ドルビーが開発してきた技術のほとんどは、コンテンツ制作者の意図を忠実に再現するためのエンコード・デコード技術である。DOLBY HEADPHONE、DOLBY VIRTUAL SPEAKERはエンコード・デコードの技術ではないが、「マルチチャンネルの音を、2チャンネルという限られた再生環境の中で再現するための技術」という意図のもとに開発されたものであり、「コンテンツ制作者の意図を忠実に再現する」というドルビーの基本思想に基づいたものであることに変わりはない。

　しかし、これらエンコード・デコードとは毛色の違う技術もドルビーは手がけていた。それをここで紹介する。

　テレビを見ているときに「コマーシャルになると急に音が大きくなる」といった経験をされた方はいないだろうか？　もしくは、「テレビ番組からDVDに切り替えたら、音が小さくなったので、テレビのボリュームを上げた」といった経験ならばどうだろう？

　テレビのコマーシャルと番組の音量差は、地デジの普及に伴いずいぶん改善されたように思われるが、テレビ番組とDVD再生時の音量差は、いまだに経験されている方が多いのではないかと思う。

　また、同じ映画コンテンツを見ている場合でも、「小さな声が聞こえないのでボリュームを上げたら、突然大きな爆発音のシーンになり、慌ててボリュームを下げた」という経験をされた方もいるであろう。

　このような音量差を解消する技術をドルビーは開発した。それが、「DOLBY VOLUME」（ドルビーボリューム）と呼ばれる技術である。

　DOLBY VOLUMEの目指したところは至って簡単である。「小さすぎる音は大きく」「大きすぎる音は小さく」することで、いったんボリュー

ムを設定したら、その後どのようなコンテンツを再生しても再度ボリューム調整をする必要がないようにすることである。

以下の図はDOLBY VOLUME処理前の音と処理後の音の一例である。

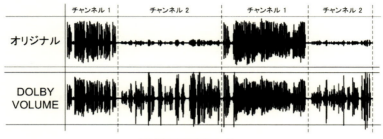

DOLBY VOLUME 処理の一例

　DOLBY VOLUME以前にも似たような技術は存在したが、聴感上、違和感なくこれを実現することは技術的に結構難しかった。特に、小さい音の場面から大きい音の場面（もしくはその逆）へ急に変化した場合、その変化に追随できずに音が不自然になってしまうことが多々あった。これらの問題点を解消したのがDOLBY VOLUMEだ。

　先にも述べた通り、DOLBY VOLUMEにはエンコード・デコードの概念がない。どのような信号に対しても効果が働くという意味で、ドルビーとしてはユニークな技術に相当する。

　このDOLBY VOLUMEで培われた技術が、その後のドルビーのポストプロセッシング技術（エンコード・デコードに依存しない技術）の源となっているといっても過言ではない。

　ポストプロセッシング技術はPCM信号に対して有効な技術で、ポストプロセッシング前の信号がドルビーの音声圧縮技術である必要はない。

　以下は、DOLBY VOLUME以外にドルビーが開発したポストプロセッシングの一例である。

・小さなスピーカーでもパワフルな低音を出せる技術

・個々のスピーカー特性に合わせて信号を出力する技術（イコライザー）

・音声信号の中の会話を聞き取りやすくさせる技術

・モノラルの信号から擬似的にステレオの信号を作り出す技術

　これら複数のポストプロセッシング技術を、当時、爆発的に広がりを見せていた携帯電話の音質を改善する技術パッケージとしてドルビーはリリースした。その技術パッケージを「DOLBY MOBILE」（ドルビーモバイル）と呼ぶ。

　DOLBY MOBILEが目指したところは、「携帯電話の非常に小さなスピーカーでも迫力あるサラウンドの音を出そう」という点がメインである。また携帯電話の場合、ヘッドホンで音を聞くケースが主であることから、DOLBY HEADPHONEから派生した技術もDOLBY MOBILEの構成技術として含まれている。

　さらに、携帯電話向けにDOLBY MOBILEという技術パッケージを用意したのと同様の考え方で、PC向けにも技術パッケージを用意した。それが「DOLBY PC ENTERTAINMENT EXPERIENCE」（ドルビーPCエンターテインメントエクスペリエンス）である。DOLBY PC ENTERTAINMENT EXPERIENCEはその登場後version 4までになり、現在はマーケティング名をDOLBY AUDIOと変更し、さらなる進化を続けている。

14. 音量差の解消 ～DOLBY VOLUME

15. 音響革命オブジェクトオーディオ 〜 DOLBY ATMOS

　マルチチャンネル音響の話に戻ろう。

　Blu-rayの登場により、7.1chサラウンド音声を記録できるようになった。また、DOLBY PRO LOGIC IIzの登場により、7.1chに加え、テレビ画面上方左右の壁面に2つのスピーカーを追加して音を楽しむことができるようになった。では、この先、スピーカーはどこまで増えていくのだろう？　スピーカーが増えていくのは、ある意味、当然の流れといってよいであろう。人間は常により良いものを望むからだ。また、人間が生きている自然界は3次元であるから、自然界の音をできるだけ忠実に再現しようと思ったら、映画館なりホームシアターなりの3次元空間にできるだけスピーカーを置くことが理想であることは容易に想像がつく。

　しかし、個々の映画館やホームシアターに設置できるスピーカーの数は、それぞれの環境によって異なる。例えば、ある映画館は前後左右天井も含めて50個のスピーカーを置ける空間の広さ・資金力があるかもしれない。だからといって、50個のスピーカー用の信号（計50ch）をコンテンツ制作者が用意しなければいけないとなったら、これは大変なことである。この数がどんどん増え続けたら、コンテンツ制作者の負担は増すばかりである。また、そのような数多くの音声チャンネルを記録するメディアや圧縮方式を考えるのも大変なことだ。

　ここで見方を変え、スピーカーの数に依存しない音声記録方式があったらどうだろう。別の言い方をすると、どのようなスピーカー配置であっても最適な音を出せるような音声記録方式である。このような考えのもと、登場したのが「オブジェクトベースオーディオ」（object-based audio）である。通常は略して「オブジェクトオーディオ」と呼ばれることが多い。

オブジェクトとは物体のことを意味する。オブジェクトオーディオとは、

1）物体が発する音
2）その物体の位置情報

を記録する方式である。

以下は、物体（オブジェクト）の位置情報を示す図の一例である。

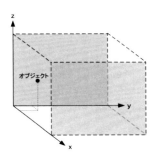

オブジェクトオーディオに対し、従来のチャンネル毎の音声信号を記録する方式を「チャンネルベースオーディオ」（Channel-based audio）と呼ぶことがある。ここでは略して「チャンネルオーディオ」と呼ぶことにする。たとえば、CDの2ch、DVDの5.1ch記録方式はどちらもチャンネルオーディオである。

ここで、同じ音をオブジェクトオーディオとチャンネルオーディオで記録した場合の違いを、例を挙げて説明しよう。

部屋の中を1羽の鳥が羽音を立てながら飛び回っている様子を想像してほしい。この音を2chステレオのチャンネルオーディオで記録した場合、羽音はL/Rの2chにしか記録できないので、それを再生した場合、L/Rのスピーカー間を動くだけだ。5.1chのチャンネルオーディオで記録すれば、平面上の動きは再現できるが、上方の音は再現できない。ここで（例えば）上方用のチャンネルを4ch分追加すれば、かなり高い精度で部

屋の中を飛び回る鳥の羽音を再現できるだろう。ただ、このときに必要な音声データ量は5.1＋4の合計9.1ch分にもなってしまう。

　これをオブジェクトオーディオで記録するとどうなるか。記録しなければいけない音は鳥の羽音1個だけなので、音声データ量からするとチャンネルオーディオの1ch分の容量で済む。これに刻々と変化する鳥の位置座標を記録する必要があるが、音声データの量からすれば、たいしたことはない。よって、先のチャンネルオーディオの例と比較すると、「9.1ch分のデータ」対「1ch分のデータ」という大差になるのである。チャンネルオーディオの場合、スピーカーの数（つまりチャンネルの数）が増えると、それに比例してデータ量も増えてしまうが、オブジェクトオーディオの場合のデータ量は、スピーカーの数とは無関係だ。オブジェクトオーディオの場合のデータ量は、オブジェクトの数に比例するのである。このように、多数のスピーカーで3次元音響を再現しようとする場合の音声データ記録方式としては、チャンネルオーディオよりオブジェクトオーディオのほうが、メリットが大きい。

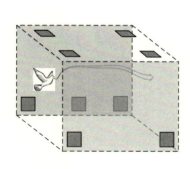
チャンネルオーディオで記録する場合、
データー量はスピーカーの数に比例する

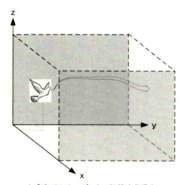
オブジェクトオーディオで記録する場合、
データ量はオブジェクトの数に比例する

　ここまでの説明で、「チャンネルオーディオとオブジェクトオーディオ

は全く異なるもの」「チャンネルオーディオで記録された音をオブジェクトオーディオとして記録し直すことは無理」と感じた方もいらっしゃるかもしれないが、実はそのようなことはない。チャンネルオーディオで記録された音をオブジェクトオーディオの形で記録することは可能である。

　例えば、日本の次世代のBS放送となる、新4K8K衛星放送（高度BS）では22.2chまでの音声放送が可能であるが、この22.2chで作成されたコンテンツをオブジェクトオーディオで記録し直すことは容易だ。なぜなら22.2chのスピーカー位置が決まっているからである。22.2個のスピーカーをそれぞれ「動かないオブジェクト」と見立ててオブジェクトオーディオでエンコードするだけでOKなのである。逆に、オブジェクトオーディオで作成された音を完璧な形でチャンネルオーディオに変換することは不可能である。なぜなら、オブジェクトオーディオを理想的に再生するには無限個のスピーカーが必要になるからだ。

　チャンネルオーディオとオブジェクトオーディオの関係をベン図で表すと、以下のようなイメージになる。

　ここまでの説明でオブジェクトオーディオがどのようなものか、おおむね理解頂けたかと思うが、「では、オブジェクトオーディオで記録された音を、実際の映画館やホームシアターで再生する場合、どうやっているの？」と疑問に思われる方もいるはずだ。オブジェクトオーディオにはどこのスピーカーから音を出せという情報が記録されていないのに、ど

うやって音を出したらよいのか？　これを解決・実現しているのが「オブジェクトオーディオレンダラー」(Object Audio Renderer) と呼ばれる装置である。通常は略して「レンダラー」と呼ばれることが多いので、ここでもレンダラーと呼ぶことにする。

　レンダラーには、音声と位置情報が記録されたオブジェクトオーディオ信号が入力される。

　それと同時に、音を出力する部屋（映画館やホームシアター）に設置されたスピーカーの位置情報が入力される。レンダラーは刻々と変化するオブジェクトオーディオの位置情報とスピーカーの位置情報を見比べて、どのスピーカーから音を出すのがベストなのかを瞬時に判断するのである。

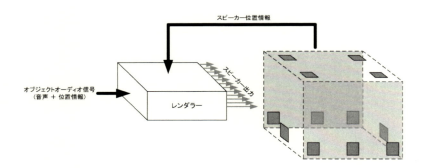

　例えば、次図のように、ある瞬間に黒点の位置にオブジェクトがあったとする。このとき、オブジェクトの位置には残念ながらスピーカーがないので、どこかオブジェクトの近くにあるスピーカーから音を出してやる必要がある。今回のケースでは、近くにある5つのスピーカーから、オブジェクトとスピーカー間の距離に応じた音量で音を出すのがベストであろう。このような計算をすべてのオブジェクトに対して瞬時に行うのがレンダラーである。

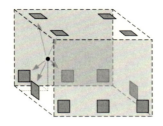

　容易に想像できるかと思うが、レンダラーの処理は、オブジェクトとスピーカーの数が多くなればなるほど大変になる。

　このオブジェクトオーディオを具現化したドルビーの技術が「DOLBY ATMOS」（ドルビーアトモス）である。ATMOSは英語のatmosphereから来ている。つまり、DOLBY ATMOSは、3次元空間の雰囲気・空気感まで再現することができる技術、という意味合いがこめられている。

　DOLBY ATMOSが初めて採用されたのは、2012年に米国で公開された「Brave」（邦題「メリダとおそろしの森」）という映画だ。DOLBY ATMOSによって、2次元平面だけでなく3次元空間での音響再現が容易になったこともあり、その後、ハリウッド映画のほとんどはDOLBY ATMOSで音響製作がなされるほど急速に普及していくことなる。

　ところで、DOLBY ATMOSに対応した映画館では、スピーカーは最大何個まで設置できるのであろうか？　先述の通り、オブジェクトオーディオを忠実に再現しようとした場合、3次元空間を無数のスピーカーで埋め尽くすのが理想であるが、これは非現実的である。そこで、DOLBY ATMOS対応映画館ではサポートできるスピーカーの数に上限を設けている。その数は、現時点では64個である。64個が上限なのは、映画館用DOLBY ATMOSレンダラーが64スピーカー出力までの対応という形で設計されているからである。

　DOLBY ATMOS映画館でのスピーカー配置の一例を以下に示す。

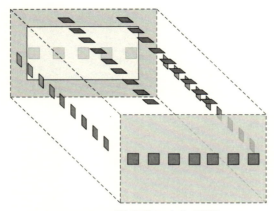

DOLBY ATMOS 対応映画館のスピーカー配置例

　これまでの映画館は、スクリーン裏に5つのスピーカーと、聴衆の左右から後方にかけてぐるりとサラウンドスピーカーが付いているのが一般的であった。これに加えDOLBY ATMOS対応映画館では、左右壁のスピーカーが前方まで伸びている。また、天井にはスピーカーが2列に並んでいる。

　とはいえ、家庭環境のホームシアターで、映画館同様に64個ものスピーカーを並べることは少なくとも現時点ではほぼありえないだろう。そこで家庭用DOLBY ATMOSでは、サポートするスピーカーの数を絞っている。以下が家庭用DOLBY ATMOSがサポートする最大のスピーカー配置である。

家庭用 DOLBY ATMOS の最大スピーカー配置

　図のように、家庭用DOLBY ATMOSでは、フロア平面最大24個、天井は2列×5個の最大10個までサポートしている。天井スピーカーを2列としているのは映画館と同様である。

　ここでスピーカー配置の呼称についてDOLBY ATMOSの登場とともに変更した点があるのでご紹介しておく。これまでは5.1ch、7.1chという表現をしていたが、ドルビーでは天井スピーカーの数をこの数字の後ろにつけて表現することとした。先の家庭用DOLBY ATMOSでいうと「最大24.1.10chのスピーカー配置までサポート可能」といった具合である。DOLBY PRO LOGIC IIzでは、7.1chに加え、上方スピーカー2個までサポートすることが可能なので「7.1.2chスピーカー配置まで対応」となる。

　さて、家庭用DOLBY ATMOSレンダラーであるが、通常はAVアンプの中に組み込まれている。AVアンプをお持ちの方は、最初にAVアンプ

を設置したときのことを思い出してほしい。部屋のどこにスピーカーが
あるのかを設定するメニューがあったはずだ。つまりAVアンプは、レ
ンダラーに必要な「スピーカーの位置情報」を知っているのである。あ
とは、どのような形でDOLBY ATMOSの信号がAVアンプに入力され
るかだが、現在はBlu-rayプレーヤーからHDMIケーブルでAVアンプに
伝送されるのが最も一般的だ。

　DOLBY ATMOSの信号は、DOLBY DIGITAL PLUSもしくはDOLBY
TrueHDのビットストリームの中に組み込むことが可能だ。DOLBY
DIGITAL、DOLBY TrueHDともチャンネルベースのオーディオを圧
縮するために開発された技術であって、オブジェクトを記録することは
想定外であったが、幸いなことに、両技術とも将来のための拡張領域を
設けていた。DOLBY ATMOSの信号は、この拡張領域に入れることが
できたのである。

　つまり、「拡張領域の手前には従来のチャンネルベースのオーディオが
記録されていて、拡張領域の中にDOLBY ATMOSのオブジェクトオー
ディオが記録されている」というわけである。

```
┌─────────────────────┬───┐
│  DOLBY DIGITAL PLUS │拡 │   DOLBY ATMOS 登場以前は拡張領域
│      または         │張 │       に何も入っていなかった
│  DOLBY TrueHD       │領 │
│  ビットストリーム     │域 │
└─────────────────────┴───┘

┌─────────────────────┬─────────┐
│  DOLBY DIGITAL PLUS │          │   DOLBY ATMOS のオブジェクトオーディオ
│      または         │ 拡張領域 │       信号は拡張領域に記録
│  DOLBY TrueHD       │          │
│  ビットストリーム     │          │
└─────────────────────┴─────────┘
```

　これによって、DOLBY ATMOSで記録されているBlu-rayのソフト
を、既存のBlu-rayプレーヤーでかけても、チャンネルベースの部分をデ
コードして音が出るという互換性が保たれている。

Blu-rayプレーヤーからDOLBY DIGITAL PLUSもしくはDOLBY TrueHDのビットストリームを出力する場合は、拡張領域まで含めたすべてのビットストリームが出力されるように当初から設計されている。このビットストリームがDOLBY ATMOSレンダラーまで搭載したAVアンプに入力されると、スピーカー配置に応じて最適な音がAVアンプから出力される、というわけだ。DOLBY ATMOSレンダラーを搭載していない通常のAVアンプに入力された場合は、ビットストリーム中の拡張領域を無視し、チャンネルベース部分のみをデコードして音を出すことになる。これは、Blu-rayプレーヤーの中のデコード処理と同等である。

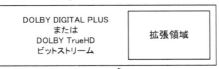

Blu-ray の DOLBY ATMOS 信号

Blu-ray プレーヤー内部では拡張領域の手前までデコード（拡張領域は無視）することで、7.1chまでのチャンネルベースオーディオを出力可能。

Blu-ray プレーヤーからは、拡張領域まで含めたすべてのビットストリームが出力。
DOLBY ATMOS 対応アンプは、拡張領域までデコード。
DOLBY ATMOS 非対応アンプは、拡張領域の手前までデコード。

　DOLBY ATMOSに対応した映画館、AVアンプや、DOLBY ATMOSで記録されたソフトには以下のどちらかのロゴが付いている。

　ちなみにDOLBY ATMOSのロゴがついたBlu-rayプレーヤーは存在しない。なぜなら、Blu-rayプレーヤーには、スピーカー位置の設定メ

15. 音響革命オブジェクトオーディオ 〜DOLBY ATMOS | 89

ニューがないからだ。先述の通り、スピーカー位置が分からなければDOLBY ATMOSの信号をどのようにデコード出力してよいか分からないのである。

さて、DOLBY ATMOS対応AVアンプをお持ちの方は、もう1度、製品に付いているロゴを見てほしい。そこにはDOLBY ATMOSのロゴはあるが、それ以外のドルビーのロゴ（例えば、DOLBY DIGITAL PLUSやDOLBY TrueHD）は付いていないはずだ。これは、DOLBY ATMOSの導入と時を同じくして、ドルビーがロゴの見直しを図ったためである。これまで、ドルビーは数多くの技術を開発してきた。ドルビーの技術の数が増えるにつれ、1つの製品の中に複数のドルビーの技術が入っていることも増えてきた。製品の中に搭載されているドルビー技術すべてのロゴを製品に付けてしまったら、製品本体がロゴだらけになってしまうことだろう。そこで、DOLBY ATMOS対応製品にはDOLBY ATMOSのロゴのみを付けるようにしたのである。これに対し、「DOLBY ATMOSに対応はしていないが、何らかのドルビーのオーディオ技術を搭載している製品」に対しては、「DOLBY AUDIO™」（ドルビーオーディオ）という新たなロゴを付けるようにした。以下は、DOLBY AUDIOのロゴである。

要約すると、ドルビーのオーディオ技術を搭載した最新の製品にはDOLBY ATMOSかDOLBY AUDIOのロゴのどちらかが付いていると理解してもらってよい。

もし、DOLBY DIGITAL PLUSやDOLBY TrueHDのロゴが付いていたら、残念ながら、それらは最新の製品ではない。

16. DOLBY SURROUND再登場

　DOLBY ATMOSの登場によって、家庭での音響再生は3次元となった。DOLBY ATMOS対応AVアンプの現在の主流は、5.1.2chまでのスピーカー配置に対応したものであるが、ハイエンドの製品になると7.1.6chまで対応したAVアンプも市場に出ている（2018年6月現在）。

　このようなAVアンプを買って、7.1.6chのスピーカーを設置したとしよう。DOLBY ATMOSのコンテンツを再生したときは、天井スピーカーまで含めた素晴らしい3次元音響が楽しめるはずである。

　しかし、旧来のステレオや5.1ch、7.1chといったチャンネルベースのコンテンツを再生したときに天井スピーカーが鳴らないのでは、せっかく設置したスピーカーがいささかもったいない気がする。ステレオや5.1chなどのコンテンツを再生したときにも天井スピーカーまで鳴らす手法はないものか？　これを解決する技術もドルビーは新たに開発した。

　これまで、ステレオや5.1chなどの信号を拡張する技術として、DOLBY PRO LOGIC、DOLBY PRO LOGIC II、IIx、IIzと紹介してきたが、これらはDOLBY PRO LOGIC技術の改良を繰り返して生み出された技術と言ってよい。これに対し、ステレオや5.1chなどの信号の3次元化にあたっては、DOLBY PRO LOGICシリーズとは異なる最新の技術を駆使して取り組んだ。その結果、生み出された技術を「DOLBY SURROUND」と名付けた。

　ここで「あれ？」と思われた方も多いはずである。本書の序盤に説明した4ch信号を2chにエンコードする技術と同じ名称となっているが、これは間違いではない、DOLBY SURROUNDの誕生から30年以上の時を経て、再度DOLBY SURROUNDという名称を最新の技術に付けたのである。

ここから先、DOLBY SURROUNDと記した場合は、「最新のDOLBY SURROUND」のことを指す。旧来のDOLBY SURROUNDを意味するときは、あえて「旧DOLBY SURROUND」と記すことにする。

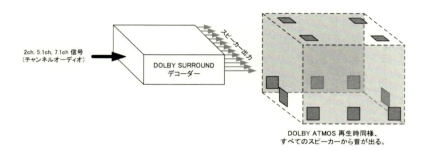

　先ほど、最新のDOLBY SURROUNDは「DOLBY PRO LOGICシリーズとは異なる最新の技術を駆使して取り組んだ」と記したが、DOLBY PRO LOGICシリーズとの互換性も有している。例えば、DOLBY SURROUNDデコーダーを5.1ch出力と設定してステレオ信号をデコードすると、DOLBY PRO LOGIC IIと同等の結果が得られる。しかも、DOLBY PRO LOGIC IIよりチャンネル間の分離度は高い。それに加え、5.1.2chといった3次元のスピーカー配置の際には、心地よいサラウンド感を与える音が天井スピーカーから出てくるのである。DOLBY ATMOS対応AVアンプには必ずDOLBY SURROUNDデコーダーが入っているので、ぜひ試してほしい。特にステレオの音楽コンサートやスポーツ中継などをDOLBY SURROUNDで聴くと、元々の音が2chとは思えないほどの自然な3次元音響を楽しめるはずだ。

　なお、スタジオ録音したボーカル物のステレオ音楽コンテンツをDOLBY SURROUNDで聴くと、ボーカルがセンタースピーカーに集中して、かえってサラウンド感が乏しいと感じることがあるかもしれない。これは、旧来のDOLBY PRO LOGICシリーズでも見られた現象であるが、これ

を解消するために「Center Width Control」（センター幅コントロール）という機能がDOLBY SURROUNDには備わっている。もし「センターに音が集中しすぎ」と感じた場合は、AVアンプの設定の中にあるCenter Width Controlを変更してみてほしい。

　さて、最新のDOLBY SURROUNDであるが、この技術のロゴはない。もしDOLBY SURROUNDのロゴを見かけたら、それは旧DOLBY SURROUNDのロゴである。先述の通り、DOLBY ATMOS対応AVアンプにはDOLBY SURROUNDが必ず入っているので、AVアンプにDOLBY ATMOSロゴが付いていたらDOLBY SURROUNDにも対応していると理解してほしい。

17. 天井スピーカーを付けられなくても 〜 DOLBY ENABLED SPEAKER

　DOLBY ATMOSによって上方も含めた3次元音響の再現が可能となったが、いざ一般家庭の環境を考えた場合、天井にスピーカーを付けるというのは非常に困難な場合が多い。「天井にスピーカーを付けなくても3次元音響を楽しむ方法はないか」という発想のもと、ドルビーは新しい技術を開発した。それが「DOLBY ENABLED SPEAKER」（ドルビーイネーブルドスピーカー）だ。「DOLBY ATMOS ENABLED SPEAKER」と呼ぶこともある。

　DOLBY ENABLED SPEAKERはこれまでのドルビーの技術とは異なり、スピーカーデザインに対するアイディアとなっている。下図がDOLBY ENABLED SPEAKERデザインの一例である。

筐体前面のスピーカーは通常のフロアスピーカー（L/Rなど）と全く同じである。これに加え、筐体の天面に、もう1つのスピーカーが斜め上方を向いて付いている。この斜め上向きのスピーカーが天井スピーカーの役割を果たす。どのようにその役割を果たすかというと、下図のようにスピーカー出力を天井に反射させることによって、あたかも天井から音が出ているように聞かせようという仕組みだ。

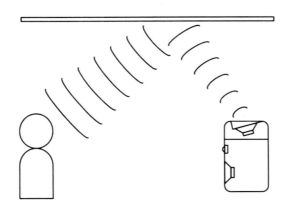

　「スピーカーを斜め上に向けるだけなら、大した技術ではない」とお思いの方もいらっしゃるであろう。確かにそうかもしれない。しかし、DOLBY ENABLED SPEAKERには、それ以上の工夫が施されている。
　スピーカーを斜め上に向けても、天井に反射しないでスピーカーから直接リスナーの耳に届いてしまう信号も少なからず存在する。しかし、この直接音が耳につくと上から聞こえてくる感覚が弱まってしまう。実は、これを軽減する工夫がDOLBY ENABLED SPEAKERには組み込まれているのである。

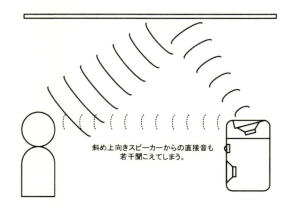

斜め上向きスピーカーからの直接音も
若干聞こえてしまう。

　ある音を、ご自身の前方・上方と交互に鳴らしたときのことを考えてほしい。目をつぶって聴いても、今、前から鳴っているのか、上から鳴っているのかを判別できるはずだ。これは、例え同じ音であっても、前から鳴っているときと上から鳴っているときでは鼓膜に到達する時点の音に若干の差があるから。鼓膜に到達する時点の音に差がある主な理由は、人間の耳の形（外耳）だ。人間の外耳は集音器の役割を果たしているが、前後上下で非対称の形をしていることからも想像できるように、前から来る音と上から来る音に対する集音能力が異なる。この差を聞き分けることによって、人間は目をつぶっていても、前で音が鳴っているのか、上で鳴っているのかを聞き分けられるというわけだ。ということは、逆に考えると、前から出ている音を、上から鳴っている音と同じような音になるよう加工すれば、人間は上から音が鳴っていると錯覚するはずである。このような音加工の処理が、DOLBY ENABLED SPEAKERには組み込まれている。これによって、天井に反射することなく直接聞こえてしまう音が多少あっても、上から音が鳴っていると錯覚するのだ。
　天井にスピーカーを付けられない場合、このDOLBY ENABLED SPEAKERをフロントL/Rに置くことをドルビーは推奨している。も

96 ｜ 17. 天井スピーカーを付けられなくても 〜DOLBY ENABLED SPEAKER

しサラウンドスピーカーも置けるのであれば、フロントに加え、サラウンドスピーカー2本もDOLBY ENABLED SPEAKERにすることで、天井スピーカーを4本付けたのと近い効果を得られるようになる。下図は、7.1chスピーカーのL/R/Lb/Rbの4本のスピーカーをDOLBY ENABLED SPEAKERにしたときの一例である。

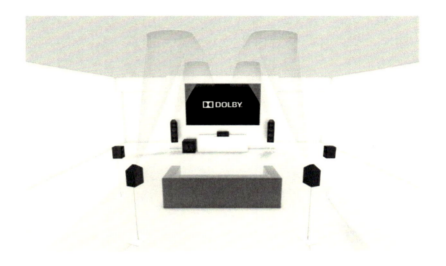

ここで、「DOLBY ENABLED SPEAKERは欲しいが、すでにL/Rスピーカーを持っている。このL/Rスピーカーは変えたくない」という方もいらっしゃることであろう。そのような方のために、DOLBY ENABLED SPEAKERの斜め上向きのスピーカー部分のみを切り取った製品も各社から出ている。ドルビーではこのタイプの製品を「アドオンモジュール」（Add-on module）と呼んでいる。

　アドオンモジュールのDOLBY ENABLED SPEAKERを、すでにお持ちのL/RやLs/Rsスピーカーの上に置くことで、簡単にDOLBY ATMOS対応のスピーカー配置が実現できるというわけである。

　なお、DOLBY ENABLED SPEAKERは天井の反射を利用するので、吹き抜けのように天井高が非常に高い場所では効果を発揮できないことに注意してほしい。

　さて、DOLBY ENABLED SPEAKERのロゴであるが、専用のロゴは用意されていない。しかし、DOLBY ATMOSのロゴを付けてもよいことになっている。DOLBY ATMOSのロゴが付いている斜め上向きのスピーカーを見かけたら、それは、音加工処理を内蔵したDOLBY ENABLED SPEAKERである。

18. DOLBY ATMOSをヘッドホンやステレオスピーカーで

　DOLBY DIGITAL登場時、「5.1chの音をヘッドホンやステレオスピーカーで楽しみたい」という要求を満たすべく、DOLBY HEADPHONEやDOLBY VIRTUAL SPEAKERといった技術が開発されたが、「DOLBY ATMOSの3次元の音をヘッドホンやステレオスピーカーで楽しみたい」という要求も当然ながら発生した。それを満たすような技術をドルビーは開発済みで、スマートフォン、PCやタブレットに採用されている。もし、これらの製品にDOLBY ATMOSのロゴが付いていたら、それは「DOLBY ATMOSのデコード後にバーチャル処理を加えることで、内蔵のステレオスピーカーもしくはヘッドホンでも3次元音響を楽しめる」ということを意味している。

　DOLBY HEADPHONE、DOLBY VIRTUAL SPEAKERといった既存のバーチャル技術と、DOLBY ATMOS用バーチャル技術の一番の違いは、天井方向からの音をどうやってバーチャル技術で再現するかという点である。水平方向360度のバーチャル化は、DOLBY HEADPHONE、DOLBY VIRTUAL SPEAKERで実現済みである。水平方向に加え、上下方向の音の動きを2つのスピーカーやヘッドホンのみでどうやって再現するのか。これはかなりの難題で、万人の耳に有効なバーチャル技術はまだ世の中に存在しないというのが当方の私見である。しかし、DOLBY ATMOS対応のスマートフォン、PC、タブレットで聞く音は、「非常に小さいスピーカーしか付けられない」「バーチャル処理に使えるメモリ量・プログラム量は限られている」という制約の中、かなり良いバーチャル効果を実現している。まだこれらの音を体験していない方はぜひ試聴して頂きたい。今後DOLBY ATMOSのバーチャル再生はさらなる発展を

遂げる可能性を秘めているが、現時点では最高レベルのバーチャル音声と言えるだろう。

　DOLBY ATMOSのバーチャル再生は、上記の通り、スマートフォン、PC、タブレットといった製品から始まったが、最近はテレビでも対応しているものが出ている。またサウンドバーと呼ばれるスピーカー製品でも対応製品が出始めた。今後もDOLBY ATMOSのバーチャル再生機能を備えた製品が数多く出ることで、3次元音響が身近なものになることが期待されている。

　なお、DOLBY ATMOSのロゴが付いているそれらの製品には、先に説明したDOLBY SURROUND相当の技術も入っている。つまりステレオや5.1chのコンテンツを3次元化することが可能だ。3次元化した音声にバーチャル処理を加えることで、内蔵スピーカーやヘッドホンでも3次元音響が楽しめるようになっている。

　ここで「スマートフォン、PC、タブレットで楽しめるDOLBY ATMOSコンテンツって何？」とお思いの方もいらっしゃるであろう。これらの製品でBlu-rayのディスクを再生することはまれだ。一番考えられるのは、インターネットを介した動画配信（VoD）サービスである。日本でもDOLBY ATMOSコンテンツの配信を行っている動画配信サービスが複数存在している。もしお手持ちのスマートフォンやPCがDOLBY ATMOSに対応しているようであれば、動画配信サービスの中からDOLBY ATMOSコンテンツを探して試聴してみてほしい。これまでのステレオ音声とは違う、広がりのある3次元音響を楽しめるはずだ。

19. DOLBY ATMOSの広がり

　先の項で、DOLBY ATMOSコンテンツは、Blu-rayだけでなく動画配信サービスでも楽しめるようになったとお伝えした。Blu-rayも動画配信もメインは映画コンテンツである。

　それ以外のDOLBY ATMOSコンテンツとしてはゲームがある。DOLBY DIGITAL LIVEの項で、5.1chのPCゲームがあることはお伝えしたが、DOLBY ATMOS対応のゲームコンテンツもすでに世の中に出ている。実は、ゲームの音声はDOLBY ATMOSの登場以前から、ゲーム機の中でオブジェクトオーディオの形で計算されていた。この音をDOLBY ATMOSを活用して楽しもうという考え方は至って自然である。

　この場合、ゲーム機（もしくはPC用の拡張カード）からDOLBY ATMOSの信号がHDMI経由で出力されてAVアンプ等でDOLBY ATMOSデコードされるのが一般的である。このときHDMIで伝送される信号は、（拡張領域を利用した）DOLBY DIGITAL PLUSでもDOLBY TrueHDでもない。ゲーム機から出てくるDOLBY ATMOS信号は「MAT」と呼ばれる形式で伝送される。

　MATはMetadata-enhanced Audio Transmissionの頭文字をとったもので、さまざまな音声データを伝送できるようドルビーが開発した柔軟性の高いフォーマットである。DOLBY DIGITALのときは、DOLBY DIGITAL LIVEというリアルタイムのエンコーダーによって5.1chのゲーム音声がDOLBY DIGITALにエンコードされたが、DOLBY ATMOSの場合は、MATのリアルタイムエンコーダーによって3次元のゲーム音声がDOLBY ATMOSにエンコードされるのだ。ここで、なぜ3次元のゲーム音声をDOLBY DIGITAL PLUSやDOLBY TrueHDにリアルタイムでエンコードしないのか、と思われる方もいるであろう。その理由は

シンプルで、DOLBY DIGITAL PLUSやDOLBY TrueHDにリアルタイムでエンコードするのは、ゲームやPCといった民生機器では処理が重過ぎるからである。MATのエンコードは、DOLBY DIGITAL PLUSやDOLBY TrueHDのエンコードと比べて処理量が軽いことから、MATを使うことにしたというわけである。

　なお、MATは音声圧縮技術ではない。PCM信号に位置情報をつけた信号を格納するための"箱"である。DOLBY ATMOSの信号がMATで伝送されていることを一般ユーザーにあえて知ってもらう必要もないことから、DOLBY ATMOS対応のゲームソフトやハードウェアを見てもMATのことを説明しているものはないと思う。MATのロゴもない。DOLBY ATMOS対応のゲームに付いているのはDOLBY ATMOSのロゴのみだ。

　また、HDMI経由でDOLBY ATMOS信号を受信するAVアンプなどの機器は、必ずMATのDOLBY ATMOS信号もデコードできるようになっているので心配はご無用である。

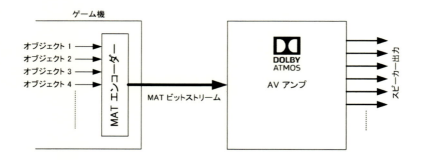

　もう1つ、DOLBY ATMOSコンテンツとしてユニークなものは、クラブで演奏されるDJ向けの音楽コンテンツだ。DOLBY ATMOSの音楽コンテンツは、すでにBlu-rayなどでも発売されており目新しいものでは

ない。Blu-rayなどのDOLBY ATMOS音楽コンテンツとDJ用DOLBY ATMOSコンテンツの違いは、DJ用のほうは、音をリアルタイムで自由に3次元空間を動かせるように設計されているという点だ。つまり、DJがクラブでプレイしている際、その場のノリや雰囲気に応じて、音を自由に動かすことができるのである。これによってDJのライブパフォーマンス・表現力が格段に増したことは間違いない。

　DJがDOLBY ATMOSでプレイできるのは、DOLBY ATMOSに対応したクラブのみだ。DOLBY ATMOSの映画を楽しむためには、映画館がDOLBY ATMOSに対応していなければならないのと同様である。クラブがDOLBY ATMOS対応するためには、天井方向を含めた3次元空間にスピーカーを設置する必要がある。またDOLBY ATMOS信号を処理するためのレンダラーもクラブに設置する必要がある。このように、クラブ側がDOLBY ATMOS対応するためのハードルは存在するが、すでにロンドンとシカゴにDOLBY ATMOS対応クラブがオープンしている（2018年6月現在）。今後も世界各地でDOLBY ATMOS対応クラブのオープンが期待されている。

20. ロッシー音声圧縮の更なる進化 〜 DOLBY®AC-4

　ドルビーのロッシー音声圧縮技術は、DOLBY DIGITAL（AC-3）、DOLBY DIGITAL PLUS（Enhanced AC-3）と進化を遂げてきたが、大元のDOLBY DIGITALは四半世紀も前に開発された技術である。DOLBY DIGITAL PLUSはDOLBY DIGITALとの互換性を重視したことから、それ以上進化させることは技術的に難しかった。一方、世の中のロッシー圧縮技術はさらなる進化を遂げ、もっと効率よく圧縮ができ、かつ、さまざまな機能を取り込んだものが出てくるようになった。そこで、ドルビーもDOLBY DIGITALのしがらみを捨て、最新の圧縮技術を盛り込んだロッシー音声圧縮技術を開発した。それが「AC-4」（エーシーフォー）である。

　AC-4の特徴の1つは、圧縮効率が高いという点である。DOLBY DIGITALの項でも説明したように、音を圧縮しすぎると、元の音との音色の違いに気付くようになってしまう。音色の違いに気付かないレベルでどこまで圧縮できるかが音声圧縮方式の良し悪しを決める目安となるのだが、AC-4の圧縮効率はDOLBY DIGITAL PLUSの2倍程度もある。同じ音をAC-4とDOLBY DIGITAL PLUSで圧縮した場合、AC-4のデータ量はDOLBY DIGITAL PLUSの半分程度で済むのだ。

　AC-4が向いている市場は、ディスクメディアではなく、放送やインターネットだ。ディスクメディアについては、Blu-rayの登場後、音声の圧縮効率はそれほど求められなくなった。Blu-rayタイトルの音声仕様を見ると、Dolby TrueHDのようなロスレス圧縮やPCMのまま記録されているタイトルが数多くあることに気付かれると思う。これはディスクの容量が十分にあるおかげで、圧縮効率の低いロスレス圧縮や、全く圧縮していないPCMでも十分にディスクに収まってしまうケースがあるか

らだ。できるだけ音声のデータ量を少なくしたいというケースもないわけではないが、Blu-rayでは「DOLBY DIGITALレベルの圧縮効率があれば十分」というケースがほとんどである。これは4K映像を記録できるように進化した最新のUHD Blu-rayでも同様だ。UHD Blu-rayの音声仕様は、Blu-rayと全く同じである。つまりディスクメディアにおいては、DOLBY DIGITAL以上の圧縮効率が求められていないのである。UHD Blu-ray以降、新たなディスクメディアの需要は出ていない。近い将来、インターネット配信が主流になり、ディスクメディアは消えていくとの予想も出ている。このような状況を考えると、今後もディスクメディアでAC-4が使われることはなさそうだ。

一方、放送やインターネットでは、圧縮効率の高い音声圧縮方式の需要がまだある。これは、電波資源やインターネットスピードに限りがあるため、できるたけデータ量を小さくしたいという要望から来ている。

AC-4のメリットであるが、「圧縮効率が高い」というメリット以外にもさまざまな機能を備えている。DOLBY DIGITAL PLUSにはなかった放送・インターネット配信のときに便利な機能を追加した（もしくはDOLBY DIGITAL PLUSにもあった同様の機能を改善した）のがAC-4と言ってよい。当然ながら、AC-4はオブジェクトオーディオのDOLBY ATMOSにも対応可能だ。

AC-4は北米の次世代テレビ規格で採用された。欧州でもAC-4を使った放送を計画している国がある。日本も含めスマートフォンやテレビなど、徐々にAC-4搭載製品が市場に出てきている。

さて、名称であるが、AC-3同様、AC-4も技術名称である。AC-3のマーケティング名称がDOLBY DIGITALになったことは紹介したが、AC-4のマーケティング名称はDOLBY AC-4となった。DOLBY DIGITALの名称を引き継がなかった理由の1つが、先に述べた「DOLBY DIGITALのしがらみを捨て、最新の圧縮技術を盛り込んだロッシー音声圧縮技術」であるからだ。

20. ロッシー音声圧縮の更なる進化 ～DOLBY® AC-4

以下に、ドルビー音声圧縮技術の技術名称とマーケティング名称を一覧にまとめたので参考にしてほしい。

技術名称	マーケティング名称
AC-3	DOLBY DIGITAL
Enhanced AC-3	DOLBY DIGITAL PLUS
MLP	DOLBY TrueHD
AC-4	DOLBY AC-4

　さて、ロゴについてだが、DOLBY ATMOSの項で、「DOLBY ATMOSに対応はしていないが、何らかのドルビーのオーディオ技術を搭載している製品」に対しては、DOLBY AUDIOという新たなロゴを付けるようにした、と説明した。DOLBY AC-4についても、この流れを踏襲している。つまり、DOLBY AC-4のロゴはない。DOLBY AC-4搭載製品につくロゴはDOLBY AUDIOのロゴになる。

21. 電話会議の音質改善 〜DOLBY VOICE®

　ドルビーの音声技術は、映画などのエンターテインメントコンテンツを、いかにして忠実に視聴者の元へ届けるかを目指して開発されたものがほとんどである。それに対し、少々路線が異なる音声技術もドルビーは手掛けている。その代表格が「DOLBY VOICE」（ドルビーボイス）と呼ばれる電話会議時の音質改善技術である。

　電話会議となると、通常はビジネスの場で用いられることがほとんどで、一般家庭で使われることはあまりないかと思う。一般家庭での電話というと、1対1の会話がほとんどであり、複数の人間がワイワイ会話することはまれであろう。一方、ビジネスの場での電話会議となると、3か所以上の場で、3人以上の人間が会話に参加することはよくある話である。ここで電話会議に参加したことのある方であれば「電話会議の音が悪い」「3人以上になると、誰が話しているのか分かりづらい」といった経験をされている方もいるかと思う。これを改善するのがDOLBY VOICEである。

　電話会議時、3人以上で話すと、会話が聞き取りづらくなることがある。その理由の1つが、同じ場所から複数の人間の声が聞こえてきてしまうことにある。

　たとえば、同じ部屋で、あなたの周りに10人の人間がいて、同時にあなたに話しかけてきたとする。10人の話をすべて理解することは聖徳太子でなければ無理だろう。しかし、10人のうちの1人にだけ意識を集中して、その人の会話だけを理解することはおそらくできるであろう。これは、カクテルパーティー効果という人間の耳の特性のおかげである。

　カクテルパーティー効果という名前は、カクテルパーティーにおいて、

いろいろな物音や数多くの人声が聞こえる中であっても、自分の気になる人の声のみ聞き取れることに由来する。みなさんも、カクテルパーティー時に自分の気になる人がいたら、周囲がうるさくてもその人の声を聞き取ろうと意識を集中するであろう。日本語で言うところの「耳を澄ます」である。

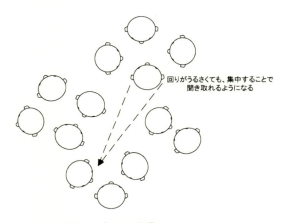

カクテルパーティー効果

　ところが、同じカクテルパーティー会場の音を録音し、後でモノラルのスピーカーで聞いてみると、非常に会話が聞き取りづらい。これは、すべての音が1点から出ていることが大きな要因である。つまり、人間が耳を澄ます場合、「ある場所」から来る音に意識を集中することで、それ以外の場所から来る音を意識の外へ追いやることが可能なのである。

　カクテルパーティー効果は無意識のうちに常に働いている。例えば、部屋の中でテレビを見ているとき、それまで気にも留めていなかった部屋のエアコンの音が急に耳に入ってくることはないだろうか。それまではテレビの音に集中していたために気付いてもいなかったエアコンの音が、急に意識の中に入ってくる瞬間である。これもカクテルパーティー

効果だ。テレビの音とエアコンの音が別の場所から鳴っているので、カクテルパーティー効果でエアコンの音を意識の外へ追いやることができるが、もしエアコンの音もテレビのスピーカーから出ていたらエアコンの音だけ意識の外へ追いやるのは難しいだろう。

話をDOLBY VOICEに戻そう。

電話会議時、3人以上の会話を聞きやすくするための簡単な手法は、それぞれの人間の声が聞こえてくる場所を変えることである。そうすると、カクテルパーティー効果が働いて、それぞれの人の声を識別しやすくなる。これをヘッドホンで実現することは、DOLBY HEADPHONEを開発したドルビーにとっては、それほど難しいことではない。それぞれの人の声を3次元空間内のどこかに定位させてヘッドホンから聞かせてあげればよい。

では、スピーカーではどのようにすればよいか？ これを実現したのが、「ドルビーカンファレンスフォン」と呼ばれる以下のような製品である。

この製品には複数のスピーカーが埋め込まれて、電話の相手側の人数が複数の場合、それぞれの人間の声を3次元空間の別々の場所に定位させるのである。これによって、3人以上で電話会議をする際の声の識別

が格段に容易になった。

　また、この製品にはマイクも複数埋め込まれて、こちら側の人間が複数いる場合、それらの人間の声が、位置情報まで持った形で集音される。あたかもオブジェクトオーディオのように、である。この位置情報を持った声が相手側に伝わって、相手側も音が聞き取りやすくなるというわけである。

　なお、DOLBY VOICEの音が聞き取りやすいのは、カクテルパーティー効果の応用のお陰だけではない。ドルビーカンファレンスフォンに付いているマイク性能、集音した音の処理方法、処理した音の伝送方法などすべてが相まって、聞き取りやすい音を実現している。

　ちなみに、DOLBY VOICEの前に、会話を伝送する技術をドルビーは提供していた。それは「DOLBY AXON」（ドルビーアクソン）と呼ばれる技術で、ゲームユーザーのチャットに利用されていた。DOLBY VOICEにはDOLBY AXONで培われたノウハウが生かされている。

　DOLBY VOICE対応製品には、以下のようなロゴが付いている。

　なお、ドルビーの音に関するロゴで現在使われているのは、DOLBY ATMOS、DOLBY AUDIOそしてDOLBY VOICEの3つである。

22. 今後のドルビー音声技術

　カセットテープのノイズリダクションから始まったドルビーの音声技術は、その後、活躍の場を広げ、さまざまな場面で使われるようになった。人間に聴覚が存在する限り、「いい音を聞きたい」という欲求はなくならないはずだ。そのような要望に応えるべく、今後もドルビーの音声技術は進化を続けていくだろう。「音あるところにドルビーあり」である。

出版に際して

　1965 年に Ray Dolby 博士が設立したドルビーラボラトリーズ。ここで
生み出される技術は、有難いことに家電製品・サービス・コンテンツを
通して世界中で広く利用され続けています。博士が掲げた「技術革新の
精神」は、今でもドルビーの DNA に刻み込まれ、現在も多くの技術者た
ちがエンターテイメント体験を進化させるために開発を続けています。

　日本では、映画やオーディオ機器のサウンドの技術としてドルビー
を知る方が多いでしょう。家電量販店を訪ねるとドルビーの最新オブ
ジェクトオーディオ技術である「DOLBY ATMOS」のコーナーがあっ
たり、そのロゴを目にすることも多いと思います。ソニー、パナソニッ
ク、LG、シャープ、ヤマハ、D&M、ONKYO を始め、多くのメーカーが
この「DOLBY ATMOS」対応の製品を発売しています。メーカーごとに
品揃えは違いますが、その対象範囲はサウンドバーやアンプにとどまら
ず、テレビ、スマートフォン、タブレット、ゲーム機、PC 等、多彩です。

　また、最新の音声圧縮技術である「DOLBY AC-4」は、世界の多くの
国で次世代の放送標準規格として採用が決定しており、既存の「DOLBY
DIGITAL PLUS」もインターネット上の VoD やスポーツ、音楽のライブ
配信等で使われています。

　ドルビーの技術は音響だけにとどまりません。今や映像技術である
「DOLBY VISION」を提供する会社でもあります。驚異的なコントラス
トや広い色域を実現し、ソニー、船井電機、シャープ、パナソニック、LG
などのテレビやアップルの iPhone、iPad Pro 等、多くの製品に採用され
ています。

　さらに、「DOLBY VISION」および／または「DOLBY ATMOS」に対応
したコンテンツは、ひかり TV（NTT ぷらら）、Netflix、iTunes、Amazon

Prime Video、U-NEXT、Video Market、J:COM等のVoDサービスで配信されています。NTTドコモが運営するdTVチャンネルでは、エイベックス主催の屋外音楽フェス「a-nation 2018」東京公演が「DOLBY ATMOS」でライブ配信されました。その臨場感あふれるサウンドで楽しんだ方もいるでしょう。きっとSharp AQUOS R2、Samsung S9/S9+、Huawei P20 Pro等、「DOLBY ATMOS」対応スマートフォンをお持ちの方ですね。

　また、ドルビーの最新鋭シネマフォーマット「DOLBY CINEMA™」（ドルビーシネマ）を採用した日本初の劇場が福岡の「T・ジョイ博多」（東映グループ）に誕生し、続いて「MOVIXさいたま」と「丸の内ピカデリー」（ともに松竹グループ）にもオープンします。

　この様にさらなる広がりをみせるドルビーの変遷と最新技術を、先ずはオーディオ分野から、この小冊子でお伝えします。多くの方に楽しんでいただければ幸甚です。

　　　2019年春　DOLBY JAPAN株式会社 代表取締役社長　大沢幸弘

※Dolby、ドルビー、Dolby Atmos、Dolby Cinema、Dolby Vision、Dolby Voice およびダブルD記号は、アメリカ合衆国と/またはその他の国におけるドルビーラボラトリーズの商標または登録商標です。その他の商標はそれぞれの合法的権利保有者の所有物です。

◎本書スタッフ
アートディレクター/装丁：岡田 章志＋GY
編集：向井 領治
デジタル編集：栗原 翔

●本書の内容についてのお問い合わせ先
株式会社インプレスR&D　メール窓口
np-info@impress.co.jp
件名に「『本書名』問い合わせ係」と明記してお送りください。
電話やFAX、郵便でのご質問にはお答えできません。返信までには、しばらくお時間をいただく場合があります。なお、本書の範囲を超えるご質問にはお答えしかねますので、あらかじめご了承ください。
また、本書の内容についてはNextPublishingオフィシャルWebサイトにて情報を公開しております。
https://nextpublishing.jp/

●落丁・乱丁本はお手数ですが、インプレスカスタマーセンターまでお送りください。送料弊社負担にてお取り替えさせていただきます。但し、古書店で購入されたものについてはお取り替えできません。
■読者の窓口
インプレスカスタマーセンター
〒101-0051
東京都千代田区神田神保町一丁目105番地
TEL 03-6837-5016／FAX 03-6837-5023
info@impress.co.jp
■書店／販売店のご注文窓口
株式会社インプレス受注センター
TEL 048-449-8040／FAX 048-449-8041

ドルビーの魔法　カセットテープからDOLBY ATMOSまでの歩みをたどる

2019年5月24日　初版発行Ver.1.0（PDF版）

著　者　　ドルビージャパン株式会社
編集人　　桜井 徹
発行人　　井芹 昌信
発　行　　株式会社インプレスR&D
　　　　　〒101-0051
　　　　　東京都千代田区神田神保町一丁目105番地
　　　　　https://nextpublishing.jp/
発　売　　株式会社インプレス
　　　　　〒101-0051　東京都千代田区神田神保町一丁目105番地

●本書は著作権法上の保護を受けています。本書の一部あるいは全部について株式会社インプレスR&Dから文書による許諾を得ずに、いかなる方法においても無断で複写、複製することは禁じられています。

©2019 Dolby Japan K.K. All rights reserved.
印刷・製本　京葉流通倉庫株式会社
Printed in Japan

ISBN978-4-8443-9852-3

NextPublishing®

●本書はNextPublishingメソッドによって発行されています。
NextPublishingメソッドは株式会社インプレスR&Dが開発した、電子書籍と印刷書籍を同時発行できるデジタルファースト型の新出版方式です。https://nextpublishing.jp/